西方建筑的故事

多元的时代

—— 从启蒙运动到现代主义 ——

陈文捷 著

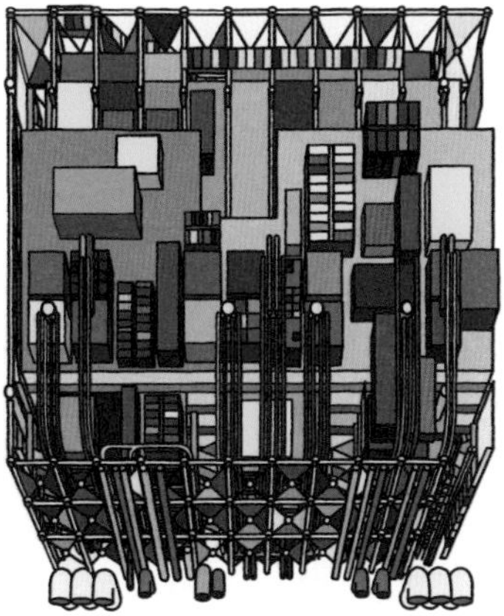

机械工业出版社
CHINA MACHINE PRESS

这是一本为建筑、规划和设计专业人士以及广大艺术爱好者而著的有故事的现代建筑史。本书将为您详尽讲述从18世纪启蒙运动开始，现代建筑所走过的200多年发展历程，涉及34个国家，289位建筑家、工程师、工业设计家、艺术家、教育家、理论家、评论家以及对现代建筑具有重要影响的政治家和实业家，360座（件）建筑、绘画、家具和工业产品。本书配有488幅精美的插图辅助您的阅读。

图书在版编目（CIP）数据

多元的时代：从启蒙运动到现代主义 / 陈文捷著 .—北京：机械工业出版社，2020.9（2022.1 重印）

（西方建筑的故事）

ISBN 978-7-111-66313-3

Ⅰ . ①多…　Ⅱ . ①陈…　Ⅲ . ①建筑史—欧洲　Ⅳ . ① TU-095

中国版本图书馆 CIP 数据核字（2020）第 146975 号

机械工业出版社（北京市百万庄大街 22 号　邮政编码 100037）

策划编辑：时　颂　　责任编辑：时　颂　于兆清

责任校对：李亚娟　史静怡　封面设计：刘硕诗

责任印制：孙　炜

北京华联印刷有限公司印刷

2022 年 1 月第 1 版第 2 次印刷

148mm × 210mm · 10.25 印张 · 2 插页 · 331 千字

标准书号：ISBN 978-7-111-66313-3

定价：69.00 元

电话服务	网络服务
客服电话：010-88361066	机　工　官　网：www.cmpbook.com
010-88379833	机　工　官　博：weibo.com/cmp1952
010-68326294	金　　书　　网：www.golden-book.com
封底无防伪标均为盗版	机工教育服务网：www.cmpedu.com

“西方建筑的故事”丛书序

一部建筑史，里面究竟该写些什么？怎么写？有何意义？我在大学讲授建筑史课程已经 20 年了，对这些问题的思考从没有停止过。有不少人认为建筑史就是讲授建筑风格变迁史，在这个过程中，你可以感受到建筑艺术的与时俱进。有一段时间，受现代主义建筑观以及国家改革开放之后巨大变革进步的影响，我也认为，教学生古代建筑史只是增加学生知识的需要，但是那些过去的建筑都已经成为历史了，设计学习应该更加着眼于当代，着眼于未来。后来有几件事情转变了我的观念。

第一件事是在 2005 年的时候，我在英国伦敦住了一个月，亲眼见识到那些当代最摩登的大厦却与积满了厚重历史尘土的酒馆巷子和睦相处，亲身体会到在那些老街区、窄街道和小广场中行走消磨时光的乐趣，第一次从一个普通人而不是建筑专业人员的视角来体验那些过去只是在建筑专业书籍里看到的、用建筑专业术语介绍的建筑。

第二件事是在2012年的时候，我读了克里斯托弗·亚历山大（Christopher Alexander）写的几本书。在《建筑的永恒之道》这本书中，亚历山大描述了一位加州大学伯克利分校建筑系的学生在读了也是他写的《建筑模式语言》之后，惊奇地说：“我以前不知道允许我们做这样的东西。”亚历山大在书中特别重复了一个感叹句：“竟是允许！”我觉得，这个学生好像就是我。这本书为我打开了一扇通向真正属于自己的建筑世界的窗子。

第三件事就是互联网时代的到来和谷歌地球的使用。尤其是谷歌地球，其身临其境的展示效果，让我可以有一个摆脱他人片面灌输、而仅仅用自己的眼光去观察思考的角度。从谷歌地球上，我看到很多在专业书籍上说得玄乎其玄的建筑，在实地环境中的感受并没有那么好；看到很多被专业人士公认为是大师杰作的作品，在实地环境中却显得与周围世界格格不入。而在另一方面，我也看到，许许多多从未有资格被载入建筑史册的普普通通的街道建筑，看上去却是那样生动感人。

这三件事情，都让我不由得去深入思考，建筑究竟是什么？建筑的意义又究竟是什么？

现在的我，对建筑的认识大体可以总结为两点：

第一，建筑是一门艺术，但它不应该仅仅是作为个体的艺术，更应该是作为群体一分子的艺术。历史上不乏孤立存在的建筑名作，从古代的埃及金字塔、雅典帕提农神庙到现代的朗香教堂、流水别墅。但是人类建筑在绝大多数情况下都是要与其他建筑相邻，作为群体的一分子而存在的。作为个体存在的建筑，建筑师在设计的时候可以尽情地展现自我的个性。这种建筑个性越鲜明，个体就越突出，就越可能超越地域限制。这是我们今天的建筑教育所提倡的，也是今天的建筑师所孜孜追求的。然而，具有讽刺意味的是，当一个建筑设计获得了最大的自由，可以超越地域和其他限制放在全世界任何地方的时候，实际上反而是失去了真正的个性，随波逐流而已。这样的建筑与摆在超市中出售的商品有什么区别呢？而相反，如果一座建筑在设计的时候，更多地去顾及周边的其他建筑群体，更多地去顾及基地地理的特殊性，更多地去顾及可能会与建筑相关联的各种各样的人群，注重在这种特殊性的环境中，与周围其他建筑相协作，进行有节制的个体表现，这样做，才能够真正形成有特色的建筑环境，才能够真正让自己的建筑变得与众不同。只是作为个体考虑的建筑艺术，就好比是穿着打扮一样，总会有“时尚”和“过气”之分，总会有“历史”和“当代”之别，总会有“有用”和“无用”之问；而作为群体交往的艺术是任何时候都不会过时的，永远都会有值得他人和后人学习和借鉴的地方。

第二，建筑不仅仅是艺术，建筑更应该是故事，与普普通通人的生活紧密联系的故事。仅仅从艺术品的角度来打量一座建筑，你的眼光势必会被新鲜靓丽的“五官”外表所吸引，也仅仅只被它们所吸引。可是就像我们在生活中与人交往一样，有多少人是靠五官美丑来决定朋友亲疏的？一个其貌不扬的人，可能却因为有着沧桑的经历或者过人的智慧而让人着迷不已。建筑也是如此。我们每一个人，都可能会对曾经在某一条街道或者某一座建筑中所发生过的某一件事情记忆在心，感慨万端，可是这其中会有几个人能够描述得出这条街道或者这座建筑的具体造型呢？那实在是无关紧要的事情。一座建筑，如果能够在一个人的生活中留下一片美好的记忆，那就是最美的建筑了。

带着这两种认识，我开始重新审视我所讲授的建筑史课程，重新认识建筑史教学的意义，并且把这个思想贯彻到“西方建筑的故事”这套丛书当中。

在本套丛书中，我不仅仅会介绍西方建筑个体风格的变迁史，而且会用很多的篇幅来讨论建筑与建筑之间、建筑与城市环境之间的相互关系，充分利用谷歌地球等技术条件，从一种更加直观的角度将建筑周边环境展现在读者面前，让读者对建筑能够有更加全面的认识。

在本套丛书中，我会更加注重将建筑与人联系起来。建筑是为人而建的，离开了所服务的人而谈论建筑风格，背离了建筑存在的基本价值。与建筑有关联的人不仅仅是建筑师，不仅仅是业主，也包括所有使用建筑的人，还包括那些只是在建筑边上走过的人。不仅仅是历史上的人，也包括今天的人，所有曾经存在、正在存在以及将要存在的人，他们对建筑的感受，他们与建筑的互动，以及由此积淀形成的各种人文典故，都是建筑不可缺少的组成部分。

在本套丛书中，我会更加注重将建筑史与更为广泛的社会发展史联系起来。建筑风格的变化绝不仅仅是建筑师兴之所至，而是有着深刻的社会背景，有时候是大势所趋，有时候是误入歧途。只有更好地理解这些背景，才能够比较深入地理解和认识建筑。

在本套丛书中，我会更加注重对建筑史进行横向和纵向比较。学习建筑史不仅仅是用来帮助读者了解建筑风格变迁的来龙去脉，不仅仅是要去瞻仰那些在历史夜空中耀眼夺目的巨星，也是要在历史长河中去获得经验、反思错误和汲取教训，只有这样，我们才能更好地面对未来。

我要特别感谢机械工业出版社建筑分社和时颂编辑对于本套丛书出版给予的支持和肯定，感谢建筑学院 App 的创始人李纪翔对于本套丛书出版给予的鼓励和帮助，感谢张文兵为推动本套丛书出版和文稿校对所付出的辛苦和努力。

写作建筑史是一个不断地发现建筑背后的故事和建筑所蕴含的价值的过程，也是一个不断地形成自我、修正自我和丰富自我的过程。

本套丛书写给所有对建筑感兴趣的人。

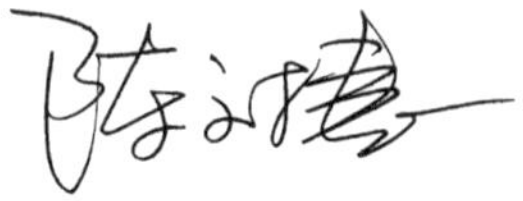

2018 年 2 月于厦门大学

前　言

本书是“西方建筑的故事”丛书的最后一册，也是与我们所生活的时代最贴近的一册。因为这个原因，书里面所提到的一些人一些事大家都会觉得很熟悉。但是另一方面，也正是因为距离我们的时代太近，所以有些人有些事我们一时还难以真正看清，难以“盖棺论定”。

在本书的写作过程中，有很多人很多事时常引起我的思考，其中就包括奥地利建筑家阿道夫·路斯（Adolf Loos，1870—1933）。他是现代建筑的先驱者之一，曾于1900年4月在报纸上发表寓言故事《可怜的小富人》，大意如下：

一位应有尽有的小富人有一天忽然觉得自己缺乏“艺术品位”，于是他聘请来一位建筑家帮忙“把艺术带进家中”。这位建筑家换掉了他家里的所有家居用品，然后对每个细节都重新进行了精心设计，每件物品的放置位置都重新做出了暖心安排，甚至就连经过他家门口的公共电车的铃声都经过特别挑选。没多久，艺术就被“逮住、围住，并很好地保管在富人家的四面墙之内”。建筑家为主人编制了一本家居使用手册，专门花了好几周时间来培训主人应该如何在家中生活。终于，这位小富人心满意足地住进了“新”家。他收获了朋友圈无数的赞扬，艺术期刊歌颂他是建筑艺术的有力推动者，他的家一再地被人参观、评论、解读、复制。不久，小富人的生日到了，他请来建筑家一起庆贺。忽然，建筑家的脸色变得苍白起来，大声喝道：“你怎么把我为你在卧室里设计的拖鞋穿到餐厅来了？它们的颜色一点也不般配！”小富人慢慢地变了，这个原本快乐的人变得不再快乐。他不被允许在商店里随便购买家居用品，不被允许随便接受朋友们馈赠的礼物，哪怕是小孙子在幼儿园里做出来的小礼物也不行。因为他的家已经是一件完美得不能再完美的艺术品了。他现在终于得到了“艺术品位”，终于“完整了”，但却没有了自我。

在这篇寓言发表后的100多年里，故事中的情景在现实生活中一再上演，最终构成了这一本现代建筑史的主要篇章。在教学和写作的时候，我经常想到这个故事，经常问自己：建筑究竟应该是为谁而建？也许真是像那句网络名言所说的，我们已经走得太远，忘记了为什么而出发。

启蒙运动 第一部

第二章 英国新古典主义

第三章 德国新古典主义

第四章 美国新古典主义

第五章 哥特复兴和折中主义

第二部 探索新建筑

第六章 钢铁时代

第七章 英国工艺美术运动

第八章 新艺术运动

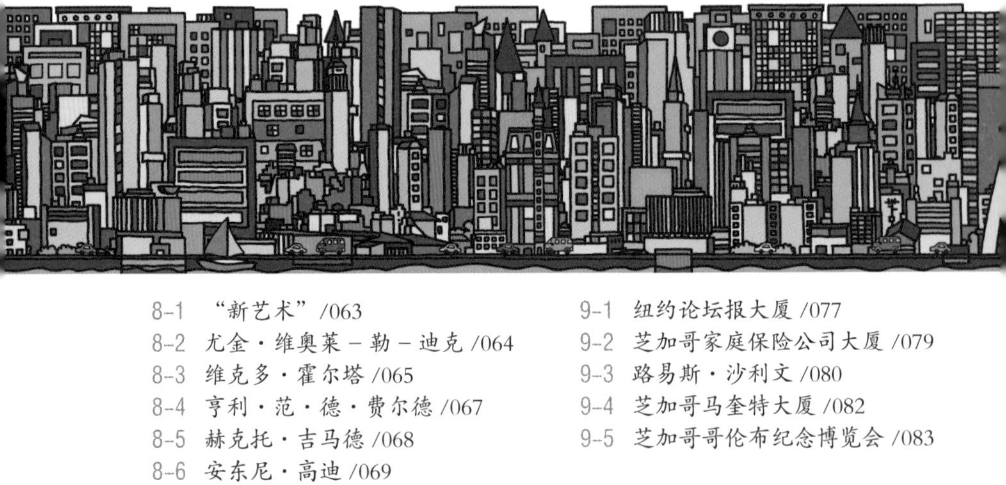

第九章 芝加哥学派

第十章 赖特的早期建筑生涯

第十一章 钢筋混凝土

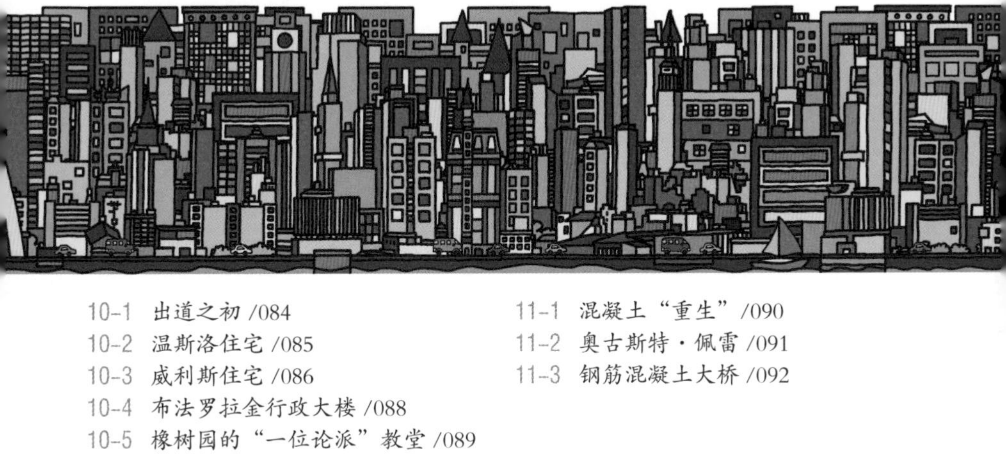

第三部 现代主义运动

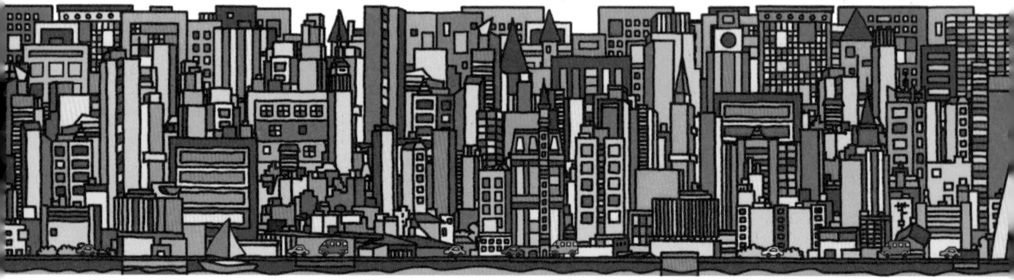

第十二章 德意志制造联盟

第十三章 包豪斯

第十四章 密斯的早期建筑生涯

第十五章 勒·柯布西耶的早期建筑生涯

第十六章 欧洲现代主义运动其他主要流派

第十七章 美国摩天楼时代

第四部 国际风格

第十八章 现代主义的胜利

第十九章 国际风格时代的密斯

第二十章 国际风格时代的勒·柯布西耶

第二十一章 国际风格时代的赖特

第二十二章 国际风格时代的美国建筑名家

第二十三章 国际风格时代的世界建筑名家

第五部 奇观建筑

第二十四章 高技派

第二十五章 解构主义

第六部 现代主义之后

第二十六章 后现代主义

第二十七章 新城市主义

终章
未来之路

参考文献

引子

“启蒙就是人类脱离自己所加之于自己的不成熟状态。”

1715 年 9 月 1 日，在担任法国国王 72 年之后，路易十四（Louis XIV，1643—1715 年在位）去世了。他年仅 5 岁的曾孙路易十五（Louis XV，1715—1774 年在位）继承王位。巧合的是路易十四当年即位时也只有 5 岁，但是历史的相似之处仅止于此。尽管路易十五努力统治法国超过半个世纪，但他再也无法像他的曾祖父那样成为时代瞩目的中心。这个时代注定将要由伏尔泰（Voltaire，1694—1778）、让 - 雅克 · 卢梭（Jean-Jacques Rousseau，1712—1778）这样的哲学家们唱主角。他们将关闭旧世界的大门，引领法国进入新世界。

伏尔泰画像（N. de Largillière 绘于 1724 年）

伏尔泰原名弗朗索瓦 - 马里 · 阿鲁埃（François-Marie Arouet），出生于富裕的中产阶级家庭，从小接受良好教育。他很早就从事写作，1717 年开始采用“伏尔泰”这个笔名。1726 年，由于受到贵族陷害，青年伏尔泰被迫流亡英国。在英国居留的 3 年间，他亲身感受了光荣革命后英国所建立的君主立宪政体，以及每个英国公民都拥有的“几乎被所有专制政权所剥夺的天赋人权”[1]。他参加了 1727 年在伦敦西敏寺举行的艾萨克·牛顿（Isaac Newton，1643—1727）的葬礼，接受了牛顿所代表的自然哲学思想。他将英国的思想和制度视为是人类历史发展的最高成就，并且迫不及待地想要将它们介绍给君主专制制度下的法国。1729 年，伏尔泰回到法国，拉开法国启蒙运动（Enlightenment）的大幕。

康德画像（J. G. Becker 绘于 1768 年）

在回答什么是“启蒙”时，德国哲学家伊曼努尔·康德（Immanuel Kant，1724—1804）说：“启蒙就是人类脱离自己所加之于自己的不成熟状态。不成熟状态就是不经别人的引导，就对运用自己的理智无能为力。当其原因不在于缺乏理智，而在于不经别人的引导就缺乏勇气和决心去加以运用时，那么这种不成熟状态就是自己所加之于自己的了。”[2] 启蒙运动确信自然是有秩序、有规律的，确信人的理性能够克服任何障碍，可以征服一切，成为世界的主宰，再也不是听天由命。毫无疑问，这样的思想必将引发空前的剧变。

第一部 启蒙运动

第一章 法国新古典主义

"请不要说，因为我不是专业的建筑师，就不能有真知灼见。"

1–1 马克－安托万·洛吉耶

自从文艺复兴运动开始以来，对古代罗马的推崇几乎成为每一个西方艺术家的共同特点，不论他们是意大利人、英国人、德国人还是法国人。但是，为什么古罗马建筑会是最美的呢？这个问题并没有很多人认真思考过。意大利人接受复兴古罗马建筑，那可以解释为是民族自豪感，但是其他国家的人为什么要接受呢？答案或许是因为古罗马建筑是从欧洲文明最古老时代、从古希腊人那里继承下来的，因此具有"天然的正确性"[3]。这种理解在启蒙运动时代上升到理论的高度。既然人要回归"生而平等"的自然状态，那么建筑的"自然状态"又是什么呢？受启蒙运动的影响，一些有头脑的建筑家和理论家开始反思建筑规则的起源，试图从中揭开掩盖在规则表象下的建筑本质。马克－安托万·洛吉耶修士（Marc-Antoine Laugier，1713—1769）是其中最突出的一位。1753 年，洛吉耶出版著作《建筑随笔》。在这本书的一开头，他就以一幅插图展现了古代原始木屋的"基

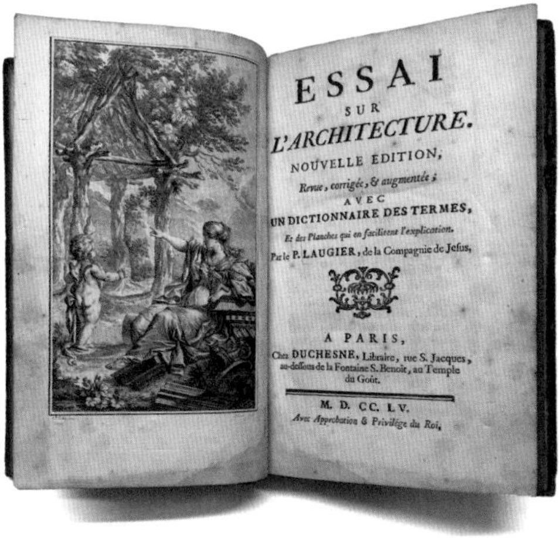

洛吉耶：《建筑随笔》

本形象”——由四根柱子支撑起屋顶。有关古代柱式是从原始木屋演变而来的理论对当时的建筑家们来说本不是什么新鲜话题，但是在洛吉耶之前并没有人真正去思考原始木屋该是什么样、柱子的实际用处又是什么。洛吉耶认为，建筑的本质就是由柱子承托重量。他将具有这种本质特征的原始木屋看成是“古往今来一切雄伟建筑”的原型，“唯有从这一原型的纯粹出发才能避免基本的错误，以臻完美”，而那些文艺复兴以来就一直盛行的壁柱、半柱、1/3 柱、附柱、装饰性山花和基座，都不过是附加于建筑的“随性之物”，都应该被抛弃，“要让启蒙之光照耀在陈腐的泥淖之上”。[4]

1–2 苏夫洛与巴黎圣热纳维耶芙教堂

巴黎圣热纳维耶芙教堂外观

洛吉耶的思想引起了很大轰动。受他的影响，1755 年，建筑师雅克 - 日尔曼·苏夫洛（Jacques-Germain Soufflot，1713—1780）在巴黎设计建造了一座完全由柱子支撑的建筑——圣热纳维耶芙教堂，标志着法国新古典主义（Neoclassical Architecture）正式形成。这座教堂是应当时刚刚大病得愈而死里逃生的路易十五的要求兴建的，献给巴黎的主保圣人圣热纳维耶芙（Saint Genevieve）。教堂原本计划采用标准的希腊十字平面，但是因为法国天主教会抗议，苏夫洛不得不将圣坛和门厅部分稍加延长，使其符合拉丁十字的教会习惯。整座建筑由 206 根柱子支撑，柱顶放置用铁筋加固的梁式平拱，内部柱子间完全开敞，没有隔断墙面，其轻巧和开敞程度堪与哥特教堂相媲美，与文艺复兴和巴洛克时期流行的厚重装饰风格大相径庭，展现出高度“纯净”的设计意图。

1791 年，大革命后成立的法国制宪会议决定将该教堂改为安葬伟人的祠庙，并将之更名为“先贤祠”（Panthéon，或译“万神庙”）。启蒙运动的伟大倡导者伏尔泰于 1791 年、卢梭于 1794 年先后迁葬于此。后来安葬在这里的还有维克多·雨果（Victor Hugo，1802—1885）、埃米尔·左拉（Émile Zola，1840—1902）以及玛丽·居里（Marie Curie，1867—1934）等许多名人。

巴黎圣热纳维耶芙教堂（现称为先贤祠）内景（摄影：R. Betik）

1-3 艾蒂安 - 路易 · 布雷

艾蒂安 - 路易 · 布雷（Étienne-Louis Boullée，1728—1799）是最有影响力的法国新古典主义建筑家之一。1781 年，他以圣热纳维耶芙教堂为范本，做了一座名为大都会大教堂（Metropolitan Cathedral）的设计方案。这座建筑有着令人敬畏的尺度感，虽然超出了当时技术许可的极限，但布雷却充分认识到这种简练、纯净的设计手法具有无可比拟的象征性，而这恰与他所处的那个正在经历人类历史上前所未有大变革的时代相对应。身处这样的时代，布雷的内心充满了昂扬的激情。

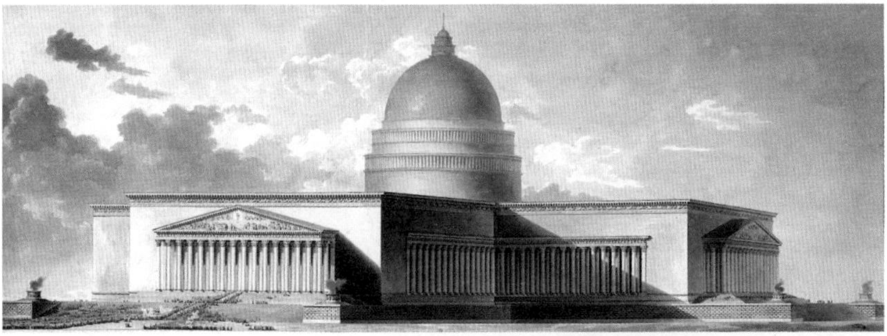

大都会大教堂设计方案

牛顿纪念堂剖面图，从穹顶四周大小孔洞中透进的天光如同繁星闪烁

1784 年，布雷做了一个牛顿纪念堂设计方案。其主体是一个光滑完整的圆球，高 150 米，放在一个由两层圆台和绿化带构成的台基上。观众需要从一个狭长的隧道进入，在经过数分钟黑暗摸索之后，猛然间发现自己已经置身于浩渺宇宙之中。这座建筑虽然没有建成，但布雷仅仅依靠纯粹几何体块来营造纪念性视觉效果的做法对未来的现代主义建筑家有极大的启发，并且这样一种利用巨型单体建筑来表达设计者内心中的英雄主义气概的做法也将成为下一个时代城市建筑设计的主题。

1–4 勒杜与阿尔克和瑟南盐场

克劳德·尼古拉斯·勒杜（Claude-Nicolas Ledoux，1736—1806）也是一位杰出的新古典主义建筑家。1775 年，他怀着理想主义情怀为位于阿尔克和瑟南（Arc-et-Senans）的王室盐场做规划设计。其总体平面呈圆形，位于正中央的是盐场场长的住宅兼办公室，两翼是制盐工厂。圆形广场的四周环布着工人住宅，外围还有法院、学校、公墓等公共建筑。所有建筑都具有新古典主义追求净化的特征。

阿尔克和瑟南盐场鸟瞰图，最终只完成了半个圆（图片：Accr-europe）

1–5 巴黎包税人城墙与税收关卡

1784 年，勒杜又奉命为巴黎建造一道新的城墙和城门。不过这道新城墙的作用与之前被路易十四拆掉的那道以防御为目的的旧城墙不一样，是专门用来向输入巴黎的货物收税，以应对法国空前严重的财政危机，因此被称为“包税人城墙”（Wall of the Farmers-General）。苛捐杂税本就让民众背上沉重的负担，而兴建这些“华丽”的收税关卡更是雪上加霜，民怨已然将要沸腾。

勒杜设计的巴黎税收关卡

1-6 法国大革命

1778 年 5 月 30 日，伏尔泰以 84 岁高龄在巴黎去世。路易十六（Louis XVI，1774—1792 年在位）禁止报纸报道他的死讯，拒绝将他埋葬在巴黎国家公墓。一个多月后，较伏尔泰年轻 18 岁的卢梭也离开人世。路易十六也许可以庆幸从此少了两位“麻烦制造者”，但是对他和他的王朝来说，真正的“麻烦”才刚刚开始。

如果说伏尔泰最重要的政治遗产是宗教宽容，那么卢梭的政治遗产则是建立公正社会。在 1762 年发表的《社会契约论》中，卢梭开篇指出：“人是生而自由的，但却无往不在枷锁之中。”人们之所以愿意放弃一部分个人自由而加入“社会”并被他人所统治的唯一原因，是他们看到个人的权利、快乐和财产在一个有正规政府的“社会”里比在一个无政府的、人人只顾自己的“自然状态”下能够得到更好的保护。因此，“政府”不应该只保护少数人的财富和权利，而是应该着

卢梭画像（M. Q. de La Tour 绘于 1753 年）

眼于每一个人的权利和平等。卢梭的观点为法国大革命奠定了理论基础。

1774年，路易十六继承了祖父的王位。他是一位虔诚善良的国王，不幸而生在了这个注定要发生剧变的时代。路易十四称霸欧洲未成而造成的国家财政恶化的状况在整个路易十五时代并没有得到丝毫缓解，1778年法国又卷入了美国独立战争。由于在此之前法国的北美殖民地全部丧失于英国之手，出于报复之心，君主专制的法国大力支援北美13个英国殖民地摆脱英国统治，帮助他们实现启蒙运动理想和建立新国家，但却也因此将自己送上断头台。面对受到战争加剧的财政危机，路易十六不得不于1789年5月召开三级会议，希望能够得到第三等级尤其是新兴资产阶级的经济支持。当时仅占法国人口5%的教会僧侣和贵族阶级却拥有国家40%的土地并垄断几乎所有重要职位，还以各种方式逃避税负，从而将沉重的负担全部加之于构成第三等级的农民、工人、商人、军人、手工艺者、小地主以及资产阶级身上。受启蒙运动“天赋平等”观点影响的第三等级代表决心利用这次175年来首次召开的会议争取平等待遇。由于在拥有平等投票权的问题上受到教会和贵族的反对，第三等级代表于1789年6月自行组成国民议会。不以任何人的意志为转移，法国大革命一触即发。

1789年7月14日，武装民众攻陷巴士底监狱。路易十六向民众屈服，法国开始实行君主立宪制。1789年8月26日，法国国民制宪会议通过《人权和公民宣言》，庄严宣布：“人生来是而且始终是自由平等的。”1791年6月，路易十六夫妇企图逃亡以寻求奥地利帮助却未能成功。在外国反革命势力大兵压境的危急时刻，国王此举引发了人民的愤怒。1792年9月22日，法国废除君主政体，建立共和国。1793年1月21日，“公民”路易·卡佩以叛国罪在革命广场（原名路易十五广场，现称为协和广场）被处死。9个月后，他的妻子也以同样的罪名被处决。

1–7 拿破仑时代

1799 年 11 月 9 日，拿破仑 · 波拿巴（Napoléon Bonaparte，1769—1821）发动政变，成为共和国第一执政。1804 年 12 月 2 日，拿破仑在巴黎圣母院亲手为自己戴上法兰西帝国皇冠。

拿破仑统治时代，大革命的激情与盖世军功相结合，使法国新古典主义演变成“帝国风格”（Empire Style）。1806 年，拿破仑下令在巴黎香榭丽舍大道西端修建凯旋门（Arc de Triomphe），以作为战无不胜的法国军队的纪念碑。这座凯旋门高 49.5 米、宽 44.8 米、厚 22.2 米，其中正面券门高 36.6 米、宽 14.6 米，远远超过古罗马最高大的君士坦丁凯旋门。其造型采用新古典主义高度净化的几何构图，除了表现英雄形象的浮雕之外，几乎没有多余的装饰，连壁柱也没有，显示出超凡脱俗的雄伟气概。

巴黎的凯旋门（摄影：A. Prevot）

1–8 乔治 - 欧仁 · 奥斯曼的巴黎规划

1815 年滑铁卢战败后拿破仑彻底垮台。路易十六的两个弟弟路易十八（Louis XVIII，1814—1824 年在位）和查理十世（Charles X，1824—1830 年在位）先后登上王位。1848 年，法国爆发“二月革命”，末代法

国国王路易 - 菲利普一世⊖（Louis-Philippe Ⅰ，1830—1848 年在位）被迫下台流亡英国。1848 年 12 月，作为深受法国人民缅怀的拿破仑一世仍然在世的第一顺位继承人，他的侄儿路易 - 拿破仑 · 波拿巴（Louis-Napoléon Bonaparte，1808—1873）当选法兰西第二共和国总统。1852 年，经全国公投，路易 - 拿破仑登基称帝，称为拿破仑三世（Napoléon Ⅲ，1870 年下台）。

尽管从亨利四世时代以来，通过兴建一系列新型桥梁、广场、林荫大道和公共建筑，巴黎的城市面貌已经有了较大改善，但是其辐射影响范围仍然较为有限，绝大部分城区街道都狭小不堪，甚至 4.5 米宽的小巷子就已经被认为是“宽敞”的了。[5] 为了改变这种状况，1853 年，自认为是“进步主义”代表的拿破仑三世委托当时担任塞纳省省长的乔治 – 欧仁 · 奥斯曼（Georges-Eugène Haussmann，1809—1891）对巴黎全城进行现代化改造。

针对旧巴黎在工业革命和城市化进程中因人口倍增而导致的卫生和交通形势日趋恶化的状况，奥斯曼在巴黎旧城中选择若干重要建筑和公共广场作为节点，效法教皇西克斯图斯五世（Sixtus Ⅴ，1585—1590 年在位）的罗马规划和凡尔赛宫花园布局形式，通过拆除部分建筑（约有 2 万多栋

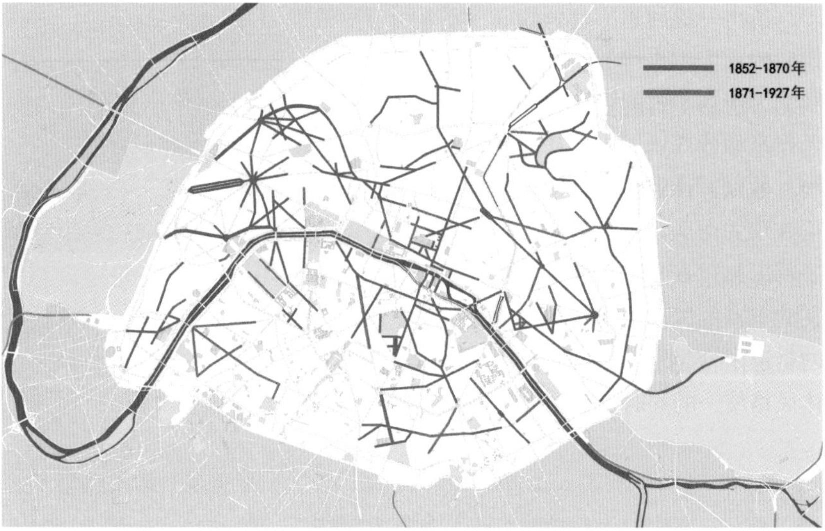

巴黎城市新建和拓宽道路示意图（1852—1927 年）

⊖ 路易 - 菲利普一世是路易十四的弟弟奥尔良公爵菲利普一世的后代。

房屋被拆除）来拓宽和拉直街道，在巴黎旧城中开辟出一条条多向交织的林荫大道，其中就包括围绕雄师凯旋门修建的星形广场（Place de l'Étoile，1970年后改名为戴高乐广场“Place Charles-de-Gaulle”）和12条中心放射大道，从而打造出一个秩序井然、纪念性效果强烈的帝国首都新形象[⊖]，奠定了一直延续至今的巴黎城市基本面貌。

星形广场俯瞰图，现称为戴高乐广场（摄影：A. Prevot）

值得一提的是，这样的变化是在保留旧城大部分街区、建筑以及道路走向的前提下进行的，很少出现整个街区彻底拆除重建。所有被新建或拓宽的大道切割过的街区，都被沿街新建建筑立面修补起来。这些修补设计工作是如此巧妙，不论从哪个角度看去，都与巴黎的传统城市肌理完美衔接。数以万计的具有新型立面的沿街建筑成为新巴黎的代表。它们普遍采用院落式布局，房屋的院落和进深设计使得任何房间里的任何位置距离窗子都不超过6米[6]，在保证阳光照射和空气流通的同时，又营造出内外有别的丰富的庭院景观。与此同时，建筑的沿街立面都非常紧凑，形成良好的街道围合氛围。而且由于是细分地块各自设计施工，使得街道在保持总体风格统一的同时，每一栋建筑又各有细部的差异。

⊖ 一般认为，在此前半个多世纪的时间里，法国统治者备受巴黎市民接连不断武装起义和街垒巷战的困扰，这是促使拿破仑三世下令拓宽和拉直街道的决策因素之一，尽管可能并不是最重要的因素。随着街道的裁弯取直，街垒在大炮直射轰击下将无可生存。

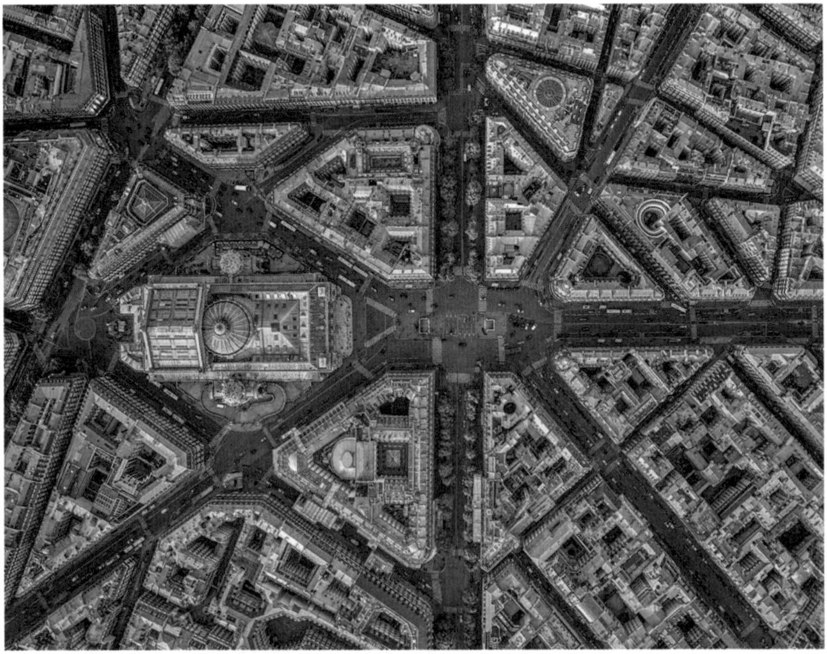

巴黎歌剧院所在街区俯瞰图，主要街道均开拓于奥斯曼时代（摄影：J. Milstein）

时间是评判一座建筑和一个城市最公道的法官。尽管奥斯曼的设计不可避免地带有巴洛克时代追求统一壮观所造成的某种缺陷，但是他的巴黎规划在经历了一个半世纪，特别是在经历了20世纪现代主义大潮冲击后的今天看来，显得格外珍贵。它不仅能够完全适应汽车时代的交通需求（世界上第一辆汽车问世于1885年），而且其高人口密度条件下的优雅浪漫、充满活力和希望的城市生活，更是给21世纪正处在城市化浪潮中的中国和其他发展中国家寻求可持续发展树立了良好的榜样。在本书作者看来，再没有什么比提高城市人口密度以节约最为宝贵的土地资源更具有可持续发展意义的了。

第二章 英国新古典主义

『要使平民百姓像皇帝般生活。』

2-1 伦敦奇西克府邸与新帕拉第奥之风

在建筑领域，面对夸张、矫饰和“反自然”的巴洛克流行风潮，英国建筑师率先与之背离，重回他们认为是“理性的”因而也是“自然的”古典主义道路上去。

伦敦奇西克府邸外观

1725 年，在建筑师威廉·肯特（William Kent，1685—1748）的协助下，富有新思想的伯林顿伯爵三世理查德·博伊尔（Richard Boyle，3rd Earl of Burlington，1694—1753）为自己设计建造奇西克府邸

（Chiswick House），以帕拉第奥的圆厅别墅（La Rotonda）为样板，以简洁规整的几何造型和严格的柱式规则，重现崇尚理性的风格，兴起了一股新的帕拉第奥之风（Palladianism）。

2-2 威廉·肯特与英国风景园林

在设计奇西克府邸花园的时候，受启蒙思想影响，肯特摒弃了在他看来是“违背天理”的意大利和法国传统几何规则式造园法则，而有意追求“如画般的”（Picturesque）自然野趣和意境，从而开创了英国“风景园林”（Landscape Garden）的新风尚。

英国艺术史家恩斯特·贡布里希（Ernst Gombrich，1909—2001）将17世纪法国风景画家克劳德·洛兰（Claude Lorrain，1600—1682）视为是对英国风景园林诞生产生重大影响的人物。他说：“正是克劳德首先打开了人们的眼界，使人们看到自然的崇高之美。在他身后几乎有一个世纪之久，旅行者习惯于按照他的标准去评价现实世界中的景色。如果那个地方

奇西克府邸花园（约绘于1776年）

使他们联想起洛兰的景象，他们就认为那个地方美丽，坐下来野餐。一些富有的英国人甚至进而决定把自己地产上的园林仿照克劳德的美丽梦境加以改造。一片风景或一片庭园能使他们想起克劳德的画，他们就说它‘如画’，即像一幅画。”[7]397-419

乡村节日（洛兰绘于1639年）

“风景”（Landscape）这个单词原本只是“一片土地”的意思，16世纪时被荷兰画家用于指代风景画——“描绘土地上景色的绘画”，传到英国以后才有了如今的含义。这一词义上的变化过程表明，人们首先是在绘画时爱上自然，然后才在现实生活中欣赏“风景”。

肯特是第一位风景园林造园家。与他同时代的文学家霍勒斯·沃波尔（Horace Walpole，1717—1797）在评价他的造园思想时说：“他的富有想象力的铅笔赋予他布置的每一个景以自然风光的艺术。他在创作中所依据的主要原则是透视、光和影。他用树丛来弥补草地的单调和空洞；用常春藤和树木同阳光炫目的旷地相对照；在景色不够优美或者一览无余的地方，他点缀上一些浓荫使景色富有变化，或者使很美的景致增加层次，游览者要向前走才能逐步观赏得到，从而更加诱人。他把美景挑选出来，把缺点用树丛掩盖起来。当缺乏一个对景来活跃他的天际线时，他作为一个建筑师，总是立刻就为视线搞一个归宿。他顺应自然，他的基本信条是，自然憎厌直线。”[8]206

肯特画像（W. Aikman绘于1710—1720年）

2-3 斯托海德庄园

肯特的造园思想深受欢迎，但他亲手所造的花园大都在后世被改动了，包括奇西克府邸花园在内都已不复原样。不过在威尔特郡（Wiltshire）的斯托海德（Stourhead），一座由园艺爱好者亨利·霍尔二世（Henry Hoare II，1705—1785）按照肯特的思想为自己建造的风景园林还较好地保存着。这座园林建造在一个四面环山的盆地中，霍尔在盆地的一头建造了一座大坝，从而将河水拦蓄成一个平面近似三角形的人工湖。在湖岸上，林木完全按照自然形态生长，间或有小片空地，其间零星点缀着仿古的建筑小品。霍尔以古罗马诗人维吉尔（Virgil，前 70—前 19）的史诗《埃涅伊德》为剧本，精心策划了一条逆时针环绕湖岸的游览路线。行走在这条弯弯曲曲的小路上，游人仿佛置身于诗中，因为史诗中描述的场面一幕一幕地展现在眼前；又仿佛来到了画中，因为眼前所见的情景不正是克劳德·洛兰的画作吗？

斯托海德庄园，前景仿自帕拉第奥设计的桥梁，远处是模仿古罗马万神庙（摄影：D. Betteridge）

2-4 “无所不能的”布朗

布朗画像（绘于1770年）

最有名的风景园林艺术家当属肯特的门徒“无所不能的”布朗（“Capability” Brown，1716—1783）了，他素有“风景园林艺术之王”的美誉。布朗亲手建造了170多座风景如画的园林，极大地改变了英国的乡村面貌。

布朗的众多作品中最宏大的一处是布伦海姆宫（Blenheim Palace）的庄园。这座宫殿建造于1705年。建筑师约翰·范布勒（John Vanbrugh，1664—1726）曾经为庄园作了规划，虽然其中还保留了传统的偏爱规则、对称和笔直的中轴线做法，但在中轴线以外的区域，范布勒较早地引入了自然的原野景观。布朗接手后，首先拆除了庄园中几何分布的道路和轴线，然后在河谷上筑起水坝，使水面扩展到足以与庞大的宫殿相衬的面积，并且完全按照自然的形态延展。在山坡上，布朗清除了一切有损于自然形态的人工构筑物，种植了成片的小树林。精心安排的小道顺应地势自在地在

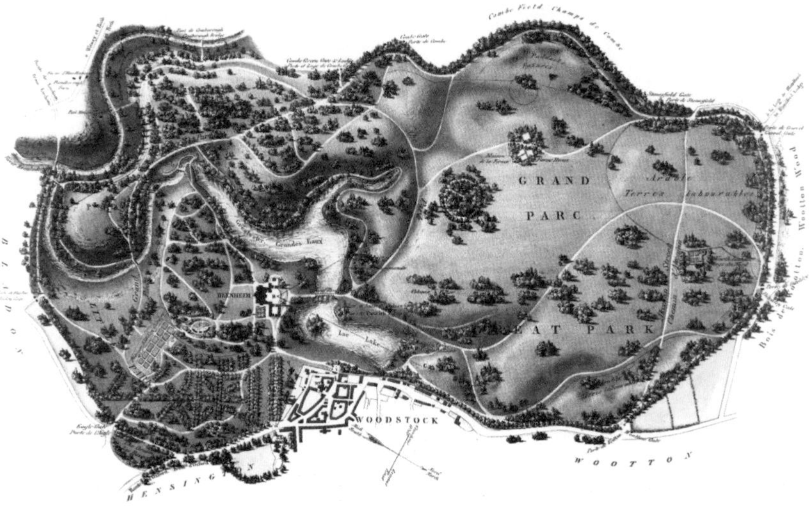

布伦海姆宫的庄园总平面图（N. Vergnaud 绘于 1835 年）

布伦海姆宫的庄园鸟瞰图（图片：Blenheim Palace）

宁静的湖岸与茂密的林间伸展，大自然的天然魅力被他表现得淋漓尽致。

布朗去世于 1783 年。国王乔治三世（George Ⅲ，1760—1820 年在位）闻讯后对另一位造园家说：“现在咱们终于可以随自己的喜好来干了。”[8]214

2-5 罗伯特·亚当

凯德尔斯顿府邸庄园鸟瞰图

位于英格兰中部德比郡（Derbyshire）的凯德尔斯顿府邸（Kedleston Hall）庄园也是英国风景园林的佳作。它的设计师罗伯特·亚当（Robert Adam，1728—1792）是英国新古典主义的重要代表人物。

1754—1758 年，亚当到意大利进行为期四年的考察，期间还前往亚得里亚海对岸的克罗地亚，被当地丰富的古罗马遗迹深深打动。在当时刚刚被考古挖掘出来的庞贝和赫库兰尼姆遗址，他目睹了真正属于古罗马时代的室内设计做法。回国后，他将旅行期间所积累下来的丰富素材进行整理，并应用到以凯德尔斯顿府邸为代表的住宅室内设计中，形成别具一格的新古典主义室内装饰风格。

凯德尔斯顿府邸大理石厅，壁面和天花用纤细的浅浮雕线条形成与洛可可风格截然不同的既具有几何对称性又不失优雅的装饰特征

2-6

伦敦摄政公园和摄政街建筑群

1811 年，因国王乔治三世身体不好，威尔士亲王乔治（1820—1830 年为国王，称乔治四世“George Ⅳ”）成为摄政王。乔治亲王非常欣赏“如画般的”景观艺术创作风格，赞成将建筑立面造型视为城市“风景”的重要组成部分。他委托约翰·纳什（John Nash，1752—1835）对伦敦摄政公园（Regent's Park）和摄政街（Regent Street）进行大规模改造，给原本普

位于摄政公园东侧的坎伯兰联排公寓，气势蔚为壮观

通的联排住宅赋予华丽的外貌，使“平民百姓像皇帝般生活”[9]202，成为当时称霸世界的大英帝国首都最有特色的城市新貌。

2-7 约翰·索恩

索恩设计的英格兰银行内部景象，现已不复原样

约翰·索恩爵士博物馆（绘于1864年）

约翰·索恩（John Soane，1753—1837）也是英国最有名的新古典主义建筑家之一。他的代表作是建设于1788—1833年的英格兰银行（Bank of England），设计简练纯净，注重营造空间和光影效果。

在建筑设计之余，索恩还不遗余力地搜集并购买了大量古物。在去世之前，他将全部收藏品连同自己的住宅在内——二者已经由他亲手改造融合成为完美的整体——一起捐献出来，使之成为对每一个艺术爱好者和求学者无偿开放的艺术殿堂——约翰·索恩爵士博物馆（Sir John Soane's Museum）。

2-8 希腊复兴

“大旅行”（Grand Tour）是18世纪西欧社会最时尚的一项活动。许多有条件、有抱负的年轻人前往意大利等地长途跋涉旅行。他们并非纯粹观光游玩，而是通过旅行去接触各种不同思想习俗，开阔眼界，增长见识。通过这样的“大旅行”，启蒙思想得以更广泛地在欧洲传播。

1751年，两位英国人詹姆斯·斯图亚特（James Stuart，1713—1788）和尼古拉斯·雷维特（Nicholas Revett，1720—1804）进入处于奥斯曼土耳其帝国控制下的希腊旅行考察，回国后于1762年发表了有关古希腊建筑的测绘图集《雅典古物和希腊的其他古迹》。他们在这本书中所展现出来的希腊神庙柱式看上去与文艺复兴所提倡的古典五柱式有很多的不同点，显然更加古朴、单纯，因而也更加接近于建筑的“源头”。这个“新发现”激起了许多建筑师们的浓厚兴趣，他们纷纷开始在建筑中使用希腊柱式，从而在欧洲兴起了一股新古典主义“希腊复兴”（Greek Revival）的风潮。

斯图亚特和雷维特测绘的雅典帕提农神庙遗迹

雷维特第二次前往希腊和小亚细亚旅行期间绘制的普里埃内爱奥尼克柱头遗迹

2-9 伦敦大英博物馆

大英博物馆

1825年开始建造的伦敦大英博物馆（British Museum）是英国最有名的希腊复兴建筑之一。立面的爱奥尼克柱头造型取材于雷维特对古希腊城市普里埃内（Priene，今属土耳其）的雅典娜神庙遗迹的研究成果，展现了古希腊时代的优雅气质。

2-10 爱丁堡皇家中学

爱丁堡皇家中学（摄影：C. Sherlock）

苏格兰首府爱丁堡（Edinburgh）在19世纪城市拓展期间建设了好几座希腊复兴风格的大型建筑，有“北方雅典”之称。1825年由托马斯·哈弥尔顿（Thomas Hamilton，1784—1858）设计的爱丁堡皇家中学（Royal High School）是其中之一。

第三章

德国新古典主义

“使我们变成伟大甚至不可企及的唯一途径乃是模仿古代。”

3-1 约翰·约阿希姆·温克尔曼

温克尔曼画像（A. R. Mengs 绘于 1755 年）

启蒙运动时期，德国在建筑和艺术领域做出最大贡献的是几位理论家。首先是约翰·约阿希姆·温克尔曼（Johann Joachim Winckelmann，1717—1768）。他出生于贫穷的补鞋匠家庭，但从小就立志学习，靠唱歌、做家教、当图书管理员以支付自己的学习费用。早在中学时代，温克尔曼就对希腊文化充满向往。在他早期的一篇文章《关于在绘画和雕刻中模仿希腊作品的一些意见》（1755 年）中，他宣称：“使我们变成伟大甚至不可企及的唯一途径乃是模仿古代。”但他所说的“模仿”并不是简单的“仿照”，而是在模仿中学会“清晰地思考和创造”。[10]2-11 为了能够更直接地研究古典艺术，1755 年，温克尔曼放弃新教信仰改宗天主教，前往罗马担任一位红衣主教的图书管理员。他遍访罗马和意大利，如同每一位参观过罗马的游客一样内心充满震动和感慨：“跟罗马相比，什么都是零！以前我认为自己已经学会了很多东西，但当我来此一看，觉得自己一无所知。在这里，我比刚踏出校门工作时更觉渺小。”[11]482 他也十分渴望去希腊旅行，当这一愿望无法实现时，他深感痛苦。

1762 年，温克尔曼出版了《古代建筑研究》。在这部书中，他批判了过分装饰的巴洛克风格，认为它导致了建筑的琐碎和堕落。他提倡新古典主义质朴与宁静的美。他认为，美不是由于任何装饰的使用，而是因为一些与“本质”相关的东西。他所谓的“本质”，是指建筑的材料、结构和类型。他说：“一座没有装饰的建筑，就像一个贫穷然而健康的人。建筑中的装饰应符合其目的。当装饰与单纯在建筑中结为一体时，就产生了美。”[12]132 在 1764 年出版的《古代艺术史》中，他采取进化论的观点，把艺术看作是一个有产生、高潮和没落的发展变化过程。他不主张孤立地研究艺术作品，而是应该将艺术创作成就与其所处时代的气候、自然和社会条件联系起来，将它放到所属的时代精神之中，从而把握总体的时代风格，揭示时代的文化精神。在他看来，希腊艺术之所以优越的最重要原因就是自由。“在自由中孕育出来的全民族的思想方式，犹如健壮树干上的优良枝叶一样。”[10]111

Johann Winckelmanns,
Präsidentens der Alterthümer zu Rom, und Scrittore der Vaticanischen Bibliothek,
Mitglieds der Königl. Englischen Societät der Alterthümer zu London, der Maleracademie von St. Luca zu Rom, und der Hetrurischen zu Cortona,
Geschichte der Kunst des Alterthums.
Erster Theil.
Mit Königl. Pohlnisch- und Churfürstl. Sächs. allergnädigsten Privilegio.
Dresden, 1764.
In der Waltherischen Hof-Buchhandlung.

1764 年出版的《古代艺术史》

温克尔曼对意大利充满了感情。1768 年，在离开家乡 13 年后，他踏上了返乡之途，但才刚走到维也纳，就迫不及待地想要重返罗马，却不幸在意大利北部城市的里雅斯特（Trieste）遇害身亡。

3-2

戈特霍尔德·埃弗拉伊姆·莱辛

莱辛画像（A. R. de Gasc 绘于 1768 年）

德国启蒙运动的第二位代表人物是戈特霍尔德·埃弗拉伊姆·莱辛（Gotthold Ephraim Lessing，1729—1781）。1766 年，莱辛发表《拉奥孔——论绘画与诗歌的界限》（以下简称《拉奥孔》）。这篇文章可以看成是对温克尔曼艺术观点某些方面不同看法的论战。温克尔曼把“静穆”的美奉为古典艺术的最高理想，认为美在于“静穆”，也就是用伟大的心灵去控制激烈的感情，因此艺术的任务在于创造美而不在于抒情。莱辛同意绘画领域的美在于“静穆”的观点，但他反对将其应用到诗歌艺术中去。他认为诗人所追求的理想美“不是静穆而是静穆的反面。因为他们所描绘的是动作而不是物体，而动作则包含的动机愈多、愈错综复杂、愈互相冲突，也就愈完善”。[13]204 莱辛的论述突破了传统上“诗画一致”的学说，更主要的是，如朱光潜所指出的，《拉奥孔》“拿叙述动作的诗来和描绘静态的画相对立，拿表情的真实来和静穆的美相对立，骨子里是用实践行动去变革现实的人生观和跟现实妥协的静观人生观相对立，是启蒙运动时代对前此的人生理想和文艺思想进行批判和斗争的产品”。[13]220 歌德评价说：“莱辛的《拉奥孔》把我们从贫乏的直观世界摄引到思想的开阔原野。”[14] 他尊莱辛为伟大的解放者和德国启蒙运动之父：“生时，我们尊你为诸神之一；死后，你的精神统治所有的灵魂。”[11]761

3-3 约翰·沃尔夫冈·冯·歌德

当温克尔曼在的里雅斯特遇害时，19 岁的约翰·沃尔夫冈·冯·歌德（Johann Wolfgang von Goethe，1749—1832）正在莱比锡与同学一道筹备欢迎温克尔曼的活动。1770 年，他前往斯特拉斯堡大学深造。他被高耸入云的斯特拉斯堡大教堂打动，提笔写下《论德意志建筑艺术》，将哥特风格视为德国民族天才的象征（该城历史演变情况参见《凡世的荣光》第 238~242 页）。他自豪地说：“即使意大利人也造不出这样的教堂，更遑论法国人了。”[11]823 他说这话时还没有亲眼见过意大利和法国。

1774 年，歌德因发表小说《少年维特的烦恼》而声名大噪。1775 年，他应邀担任萨克森·魏玛公爵宫廷的高级官员。在他的努力下，魏玛小城云集了包括弗里德里希·席勒（Friedrich Schiller，1759—1805）在内的众多文化名人，成为德国思想文化中心，人称“魏玛盛世”。1786 年，厌倦了宫廷生活的歌德申请“停薪留职”，前往意大利“大旅行”。他在意大利逗留了两年，四处探访古希腊和古罗马遗迹，成为对建筑艺术有深入理解和认识的古典主义者。他说：“意大利使我懂得什么才是严肃和伟大。”[15]

歌德在意大利（J. H. W. Tischbein 绘于 1787 年）

歌德是一位伟大的作家和诗人。他虽然没有专门的艺术理论著作，但在其他类型的大量论著中都阐述了对艺术的独特见解。歌德认为：“对艺术家提出的最高要求就是，他应依靠自然、研究自然、模仿自然，并创造出与自然现象毕肖的作品来。”但是这种“模仿”并不是对对象的简单复制，而是要去“揭示出它最内在的东西，分离它的各个部分，注意到这些部分之间的联系，识别出它们之间的区别，熟悉作用和反作用，铭记现象中隐蔽的、静止不动的、基础性的东西”。同时，艺术家既要能“洞察到对象的深处”，也要能“洞察到他自己情感的深处”，这样才能在他的作品中“不仅能创造出可以轻易产生表面效果的东西来，而且也能创造出可以与自然相匹敌的、在精神上是有机的东西，并且赋予他的作品这样一种意蕴和形式，使他的作品看起来既是自然的同时又是超自然的”。[16]49-51

歌德反对那种“游戏式的”艺术创作观点。他于1798年创办名为《雅典神殿入口》的刊物来表达自己的艺术观点。在发刊词中，他对这个拗口的刊名进行解释：“年轻人一旦被自然和艺术所吸引，他们就认为，只要积极努力，不久就能进到神殿的最里面；而成年人经过长期四处漫游之后却觉察到，他一直还在神殿的前厅。”[16]45 他指出，伟大艺术品的创作过程“先是单调乏味甚至悲哀的模仿”，但只有经过这样的努力，才会“对自然产生一种更加喜爱和更加亲切的感情”，这样才有可能“创造出迷人的、完美无缺的作品来”。歌德特别指出：“令人遗憾的是，这种轻松愉快地创作出来的并给人以舒适、快活和自由感受的艺术作品，会使那些正在奋进的艺术家形成这样一种概念，好像创作也是一件很舒适的工作。因为艺术和天才所达到的顶峰看起来是轻而易举的，这就刺激了后来人不愿费力工作，创作只图虚名。”[16]60 这番话真是发人深省。

3-4 柏林勃兰登堡门

柏林勃兰登堡门

在实际建造的建筑方面，18世纪的德国仍然被巴洛克和洛可可所主宰，成就了二者最后的辉煌。直到1788年，温克尔曼的理想才在柏林由卡尔·戈特哈德·朗汉斯（Carl

Gotthard Langhans，1732—1808）设计的、以雅典卫城山门为样板的柏林勃兰登堡门（Brandenburg Gate）得以实现。

3-5 莱奥·冯·克伦策

莱奥·冯·克伦策（Leo von Klenze，1784—1864）是19世纪德国新古典主义建筑的主要代表人物之一，慕尼黑国王广场（Königsplatz）上的山门和古代雕塑展览馆（Glyptothek，与之相对的古物展览馆以相同风格稍晚建成）是他的代表作。这座雕塑展览馆是巴伐利亚国王路德维希一世（Ludwig I，1825—1848年在位）赠送给人民的礼物。路德维希一世18岁时曾前往意大利"大旅行"。他在威尼斯参观一尊古代雕像时突然顿悟，"一切对我来说都已改变了"。路德维希一世从此成为希腊文化的忠实追随者，他决心要把慕尼黑变成"北方雅典"，使之成为德国的荣耀："我要将这样的荣耀赋予慕尼黑，那就是，没有人敢说他了解德国，如果他没有来过这里。"[17]1832年，他的次子奥托·弗里德里希·路德维希（Otto Friedrich Ludwig von Bayern，1832—1862年在位）被欧洲列强指定为新近从土耳其统治下获得独立的希腊的国王。慕尼黑国王广场上雅典卫城式的山门就是纪念希腊独立战争的产物。

慕尼黑国王广场，左为山门，上为古代雕塑展览馆（摄影：E. F. Pfeiffer）

第四章 美国新古典主义

“诚实是智慧之书的第一章。”

4-1 托马斯·杰斐逊

托马斯·杰斐逊（Thomas Jefferson，1743—1826）是美国《独立宣言》的起草者、伟大的启蒙运动思想家和政治家、第3任美国总统（1801—1809年在任）。他同时还是一位卓有建树的建筑家，以他突出的创作实践将新古典主义引入美国，使这个年轻的国家从此开始在建筑艺术舞台上展现自己的风采。

杰斐逊签署《独立宣言》（J. Trumbull 绘于1819年）

里士满的弗吉尼亚州议会大厦，两翼建于 20 世纪初（摄影：J. Gripp）

1785—1789 年，杰斐逊担任美国驻法国大使。在任期间，他参观了位于法国南部尼姆（Nîmes）的古罗马梅宋·卡瑞神庙（Maison Carrée）。回国以后，他以这座神庙为灵感，设计建造了位于里士满（Richmond）的弗吉尼亚州议会大厦（Virginia State Capitol），首次将神庙形式用于象征民主的议会建筑之上。

杰斐逊毕业于威廉与玛丽学院（College of William & Mary）。这所大学创办于 1693 年，以在位英国君主命名，是美国第二古老的大学，仅晚于 1636 年创办的哈佛大学。在当时，威廉与玛丽学院隶属于英国教会，学生必须是教会成员。杰斐逊对这种状况深感不满，立志要创办一所完全摆脱教会控制的大学。在卸任美国总统之后，他将这个理想化为实际行动。1819 年，杰斐逊与时任总统詹姆斯·门罗（James Monroe，1817—1825

弗吉尼亚大学校园鸟瞰图。如今，能够在毕业前夕住进大草坪两侧的古老宿舍楼是弗吉尼亚大学学生的最高荣誉

年在任）、第 4 任总统詹姆斯·麦迪逊（James Madison，1809—1817 年在任）一起商定，在杰斐逊庄园所在的夏洛茨维尔（Charlottesville）创建公立的弗吉尼亚大学（University of Virginia）。杰斐逊担任学校的第一任校长，并亲自为学校设计校舍。他将图书馆作为全校的中心建筑，赋予它古罗马万神庙的庄重造型。在其前方大草坪的两侧，是十组教师和学生用房。这样一种校园规划设计后来被广为效法，其中就包括 1911 年创办的清华大学校园。

1826 年 7 月 4 日是《美国独立宣言》签署 50 周年纪念日，杰斐逊就在这一天走完了他的伟大一生。他的墓碑上刻写着他自己起草的墓志铭："美国独立宣言以及弗吉尼亚宗教自由法作者、弗吉尼亚大学之父托马斯·杰斐逊长眠于此。"

4–2 华盛顿白宫和国会大厦

美国独立后，《独立宣言》的签署地美国北方城市费城（Philadelphia）成为临时首都。由于南北各州都希望将首都设在靠近自己的区域，1790 年，经杰斐逊、麦迪逊与亚历山大·汉密尔顿（Alexander Hamilton，1755/1757—1804，美国开国元勋，首任财政部长）三人协商，最终决定将首都设在美国南方但距离北方不远的波托马克河（Potomac River）北岸，并将该地定为不属于任何州的特区（以拟人化的哥伦比亚女神命名为哥伦比亚特区），在此建立的城市则被以首任总统乔治·华盛顿（George Washington，1789—1797 年在任）的名字命名。

根据杰斐逊的提议，1792 年举行了总统官邸和国会大厦的设计竞赛。在总统官邸的竞赛中，总统华盛顿要求决不能将它设计成豪华的宫殿。杰斐逊匿名提交了竞赛方案。最终获胜的是爱尔兰建筑师詹姆斯·霍本（James Hoban，1755—1831），他的方案以爱尔兰的一座帕拉第奥风格

霍本的美国总统官邸设计方案

的公爵府（Leinster House，1922 年起成为爱尔兰国会所在地）为样板，但表面被刷成白色。1800 年，第 2 任总统约翰·亚当斯（John Adams，1797—1801 年在任）入住新官邸。杰斐逊担任总统时，允许公民在不影响总统办公的前提下参观这座官邸。这项安排被一直延续到今天，如今每年都有超过 100 万的游客来此参观。1812 年，趁着英国主力被拿破仑吸引在欧洲的大好时机，美国向英国宣战，意欲“解放”加拿大。1814 年 8 月，一支英军突袭美国首都，放火烧毁了包括总统官邸和国会大厦在内的许多重要建筑。英军撤退后，总统官邸得以重建。1901 年，第 26 任美国总统西奥多·罗斯福（Theodore Roosevelt，1901—1909 年在任）将官邸正式命名为“白宫”（White House）。

美国国会大厦（Capitol Building，其名称由杰斐逊拟定，以古罗马的发源地卡庇托利欧山命名）的设计竞赛与总统官邸同期进行，但一开始并未收到令人满意的方案。1793 年，建筑爱好者威廉·桑顿（William Thornton，1759—1828）提出的设计方案被最终接受。1800 年，参议院所在的北翼率先完工。1811 年，众议院所在的南翼完工。在被英军烧毁重建后，国会大厦又经过几轮改扩建，最终形成今天的样貌。其中央穹顶由托马斯·乌斯蒂克·沃尔特（Thomas Ustick Walter，1804—1887）设计，建

美国国会大厦外观（摄影：M. Falbisoner）

成于 1866 年，以多纳托·伯拉孟特（Donato Bramante，1444—1514）设计的罗马坦比埃多（Tempietto）和克里斯托弗·雷恩（Christopher Wren，1632—1723）设计的伦敦圣保罗大教堂为样板。

4-3 华盛顿城市规划

总统官邸和国会大厦是由自愿参加美国独立战争的法裔军事工程师皮埃尔·查尔斯·朗方（Pierre Charles L'Enfant，1754—1825）规划设计的华盛顿城的两个重要节点。朗方曾经在巴黎皇家绘画与雕塑学院接受过正统训练，对像凡尔赛大花园那样用宏大轴线来营造一座伟大城市的设想非常着迷。1791 年，他接受华盛顿总统委托开始进行规划设计。他在城市中央设计了两条相交成直角的主轴线，国会大厦和总统官邸分别作为这两条轴线的控制节点。以此为基本架构，朗方设计了一系列斜向的林荫大道，与正交的街道网格相互交织，并计划在各个主要节点处建立公共广

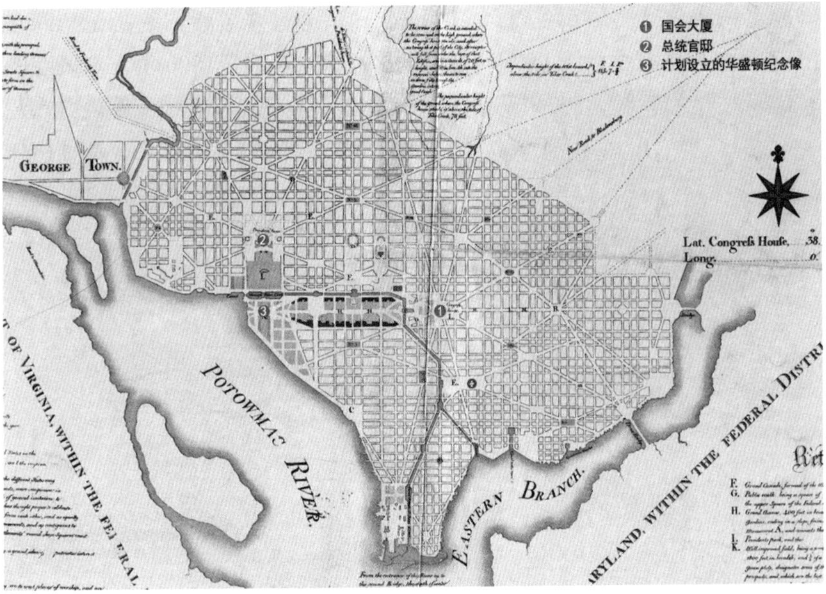

朗方的华盛顿城原始规划（1791 年）

场。由于与政府的负责委员会产生冲突，朗方未能亲自实施他的规划。在随后的100多年间，虽经几次修改，但是朗方的继任者们还是大体上按照他的格局将整座城市逐步建成。

1833年美国国会通过法案，批准建设开国总统华盛顿的纪念碑（Washington Monument），所费资金由民众募捐获得。纪念碑原本计划建造在总统官邸和国会大厦分别所在的城市主轴线交点上，以此形成朗方设想的完整的纪念性构图。但在实际测量时，发现预定地点基础不稳定，不足以支撑高大的纪念碑，于是只好将纪念碑的建造位置向东南方向偏移了119米。这是文艺复兴以来建筑师们所热衷的几何中心式构图设计的一个重大挫败。

1867年，美国国会又决定为亚伯拉罕·林肯（Abraham Lincoln，1861—1865年在任）建造纪念建筑。由于各种原因，该计划一直到1910年才付诸实行。还在1901年的时候，由参议员詹姆斯·麦克米兰（James McMillan，1838—1902）负责的一个国会委员会就提出一项对朗方规划的补充实施方案，建议将错就错，将已偏离原轴线的国会大厦与华盛顿纪念碑的连线作为新的城市主轴线，并在轴线的对应位置设立包括纪念碑在内的各种公共建筑，使之整体成为宏大的国家中心广场。1913年国会决

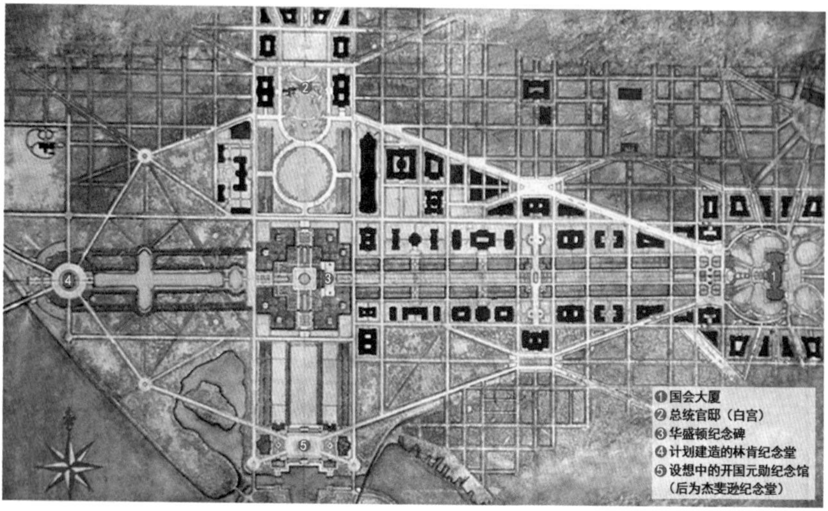

1901年的麦克米兰计划，图中可以看出东西轴线已经略为偏离城市原有网格

定将林肯纪念堂（Lincoln Memorial）建造在这条新主轴线的西端，与国会大厦遥相对望。1934 年，美国国会又决定建造杰斐逊纪念堂（Thomas Jefferson Memorial），将其放置在白宫所在的原南北轴线的南端（华盛顿纪念碑已经偏离了这条轴线）。由此，一个以华盛顿纪念碑为中心，由国会大厦、白宫、林肯纪念堂、杰斐逊纪念堂分列四个轴线端点的、历史上最宏大的纪念性规划整体构想最终完成。

这样一个设计，从空中看去，除了华盛顿纪念碑未能处在白宫与杰斐逊纪念堂的连线之上这一点有所缺憾之外，几乎是完美的，至于国会大厦、华盛顿纪念碑和林肯纪念堂的轴线偏离，则几乎是察觉不出的。对于这个设计，奥地利建筑家卡米诺·西特（Camillo Sitte，1843—1903）在当时曾经提出一个不同的设想。根据他对意大利中世纪广场的研究，西特提议，不要改变原定的国会大厦东西主轴线，还是将林肯纪念堂建造于这条旧轴线上，而让华盛顿纪念碑自然偏离出轴线之外。西特的理由是，如果按照后来建成的新轴线布置林肯纪念堂，那么位于国会大厦和林肯纪念堂之间的华盛顿纪念碑势必会遮挡两端各自远眺的视线。而相反，如果按照西特的设计，当人们站在国会大厦前向西眺望时，华盛顿纪念碑和林肯纪念堂都能够被同时看到而互为映衬。[18] 这确实是一个非常值得学习的设想。

由林肯纪念堂向东远眺，华盛顿纪念碑恰好挡住了国会大厦穹顶。右侧可见杰斐逊纪念堂（摄影：C. M. Highsmith）

第五章 哥特复兴和折中主义

"我们拥有除了我们自己的世纪以外的一切世纪的东西。"

5-1 伦敦英国国会大厦

主要流行于 18 世纪晚期到 19 世纪上半叶的浪漫主义（Romanticism）是启蒙运动、法国大革命和欧洲民族解放运动高涨时期的产物。法国大革命是启蒙理想的实现，但是不间断的流血、杀戮和征服却又使得这一理想在很多人心中破灭。作为对“理性王国”失望的反动，浪漫主义者用直觉取代理性，把直觉的作用提升到突出的地位，从主观内心世界出发，用热情奔放的语言、瑰丽的想象和夸张的手法来塑造形象。在建筑领域，浪漫主义首先体现为对中世纪哥特艺术的复兴（Gothic Revival）。

英国哥特复兴最有名的作品是伦敦英国国会大厦（Houses of Parliament），其前身威斯敏斯特宫（Palace of Westminster）在 16 世纪成为议会所在地之前是英国国王的主要居所之一。1834 年，旧国会大厦被火烧毁，重建工作由建筑家查尔斯·巴里爵士（Sir Charles Barry，1795—

伦敦英国国会大厦

1860）主持。他以古典风格完成总体设计，而后由奥古斯都·普金（Augustus Pugin，1812—1852）以哥特风格予以装饰。

5–2 纽约圣帕特里克大教堂

纽约圣帕特里克大教堂

哥特复兴风潮引发了人们对曾经被文艺复兴运动排斥的中世纪历史的回忆，在19世纪上半叶迅速传播到欧美各国，成为与新古典主义同时并进的一大潮流。包括德国科隆大教堂、意大利米兰大教堂和法国巴黎圣母院在内的很多中世纪未能完成或者遭到破坏的哥特建筑都在这一时期得以续建或修缮。与此同时，在欧洲和美国的许多地方，大量新建筑采用哥特风格进行建造，著名的纽约圣帕特里克大教堂（St. Patrick's Cathedral）就是其中之一，由小詹姆斯·伦威克（James Renwick Jr.，1818—1895）设计。

5-3 布赖顿皇家行宫

作为情感的表达，哥特复兴不仅仅局限于复兴哥特式样。事实上，这个时期任何可以激发人们奇思异想的建筑都可以被称为哥特复兴式，包括奇妙的东方风格。1815 年，约翰·纳什为当时还是担任摄政王的乔治四世设计建造了位于海滨城市布赖顿（Brighton）的皇家行宫（Royal Pavilion），以已经在英国东印度公司掌控之下的印度莫卧儿王朝建筑风格为样板进行设计，充满了异国情调。

布赖顿皇家行宫宴会厅（绘于 19 世纪）

布赖顿皇家行宫外观

5–4 折中主义

19世纪复古建筑发展的最后一个阶段被称为“折中主义”（Eclecticism）。既然古希腊、古罗马、哥特式甚至东方风格都已经成为可以根据每个人情感喜好而自由选择的样式，那么推而广之，历史上曾经出现过的任何一种样式都可以被选择。就像这个时候正在大量涌入欧洲人生活的、门类繁多的商品一样，人们甚至对历史上的各种样式进行了“现实的”总结：文艺复兴式雄伟高贵，适于建造宫殿和政府大楼；巴洛克式珠光宝气，适于建造歌剧院；哥特式最能体现对上帝的敬仰，用作教堂是再合适不过。法国浪漫主义诗人阿尔弗雷德·德·缪赛（Alfred de Musset，1810—1857）曾经不无讽刺地形容道：“我们拥有除了我们自己的世纪以外的一切世纪的东西。”[19]

5–5 巴黎圣心大教堂

由保罗·阿巴迪（Paul Abadie，1812—1884）于1875年设计的巴黎圣心大教堂（Sacré-Co eur Basilica）也是有名的折中主义建筑。它高

巴黎圣心大教堂

踞在巴黎市内最高的蒙马特山丘（Montmartre）上，仿效罗马风时代法国南部佩里格大教堂（Périgueux Cathedral）而建造的五个纯白色穹顶在巴黎的天际线上十分耀眼。

5-6

巴伐利亚新天鹅城堡

19世纪最浪漫的建筑非德国巴伐利亚新天鹅城堡（Neuschwanstein Castle）莫属，它是由有着“童话国王”之称的巴伐利亚国王路德维希二世（Ludwig II，1864—1886年在位）于1869—1886年委托爱德华·里德尔（Eduard Riedel，1813—1885）设计建造的。这位生不逢时的国王依然沉浸在马上就要成为历史的君主时代的梦幻中，为此不惜重金建造了这座具有浓郁中世纪气息的城堡。但它显然与时代节拍不合。当国王因自己口袋里的钱不够用而向国库伸手时，议会和他的部长们出面干预，路德维希二世被宣布发疯而遭到罢免，随后离奇死去，留下这座城堡从此成为对那个悠悠逝去古老时代的无尽回忆。

巴伐利亚新天鹅城堡（摄影：V.Barsky）

第二部

探索新建筑

第六章 钢铁时代

“火车站是我们这个时代的大教堂。”

6-1 科尔布鲁克代尔铁桥

就在以新古典主义和浪漫主义为代表的建筑复古运动随着资本主义经济的高速发展而热火朝天地进行的同时，一场建筑历史上空前的大变革也已悄悄地拉开帷幕。为这场革命奠定技术基础的是钢铁的应用。

科尔布鲁克代尔之夜（P. J. de Loutherbourg 绘于 1801 年）

早在 4000 年前，西亚的某些部落就已经开始学习用铁。从那以后，铁逐渐成为人类制作工具和武器的主要材料。但是长期以来人们一直使用木炭炼铁，需要大量消耗森林资源，成本很高，制约了铁技术和使用领域的进一步发展。1709 年 1 月，在英格兰中部的科尔布鲁克代尔（Coalbrookdale），工厂主亚伯拉罕·达比一世（Abraham Darby I, 1678—1717）第一次采用焦炭炼铁。由于焦炭可以从煤矿中大量提炼，因而极大地降低了铁的生产成本，为英国工业革命奠定了物质基础。

随着制铁成本的降低和产量的大幅度提高，人们开始对铁在工具和武器以外其他领域的应用前景产生兴趣。在建筑领域，铁的大规模应用首先体现在桥梁建造上。18 世纪以前，除了一些铁链吊桥之外，世界上的主要桥梁都是采用木头或石头这样的传统材料建成。1779 年，由达比一世的孙子达比三世（Abraham Darby Ⅲ, 1750—1789）、建筑师托马斯·法诺尔·普里查德（Thomas Farnolls Pritchard, 1723—1777）和铁匠约翰·威尔金森（John Wilkinson, 1728—1808）合作设计的世界上第一座完全用铸铁建造的拱桥在科尔布鲁克代尔附近的塞文河（River Severn）上诞生。这座桥全长 60 米、宽 7 米、跨度 30.6 米。同传统材料相比，铁既坚固又轻便，并且能轻松跨越极大的跨度，因此一经问世就深受桥梁建筑家的喜爱，开启了桥梁建设的新纪元。

正在建设中的科尔布鲁克代尔铁桥（E. Martin 绘于 1779 年）

科尔布鲁克代尔铁桥（摄影：D. Ross）

6-2 托马斯·特尔福德

特尔福德画像（J. Roffe 绘于 1831 年）

英国土木工程师学会（ICE）的首任会长托马斯·特尔福德（Thomas Telford，1757—1834）是英国铁桥时代涌现出的第一位杰出的桥梁工程师。在特尔福德所参与的不计其数的桥梁设计建造中，他积极尝试新型材料应用，大胆探索对传统结构形式的突破和创新。

1799 年，由于已经有将近 600 年历史的老伦敦桥（London Bridge）不再能适应新时代的使用需求，伦敦市举办新桥设计竞赛。特尔福德的参赛方案是跨度 180 米的铸铁拱桥，要一跨飞过泰晤士河。这个方案惊呆了市政当局，虽然经专家论证应该可行，但最终市政当局还是采用了传统的多跨石拱桥予以建造。

特尔福德的伦敦桥设计方案（绘于 1801 年）

梅奈悬索桥（摄影：T. Cohoon）

1826 年，特尔福德在威尔士的安格尔西（Anglesey）设计建造梅奈悬索桥(Menai Suspension Bridge)，采用刚刚问世不久的现代悬索桥结构，跨度 176 米。由于那个时代还没有发明钢缆（19 世纪 30 年代发明，19 世纪 40 年代开始运用于悬索桥结构），所以吊索采用锻铁眼杆制作。这座桥在经过几次现代化改造（1893 年将木质桥身替换为钢质，1938 年将锻铁眼杆替换为钢制眼杆）之后直到今天还在使用之中。

庞特斯沃泰水道桥远眺（R. Batty 绘于 1823 年）

庞特斯沃泰水道桥

位于威尔士的庞特斯沃泰（Pontcysyllte）有一座 1805 年建成的水道桥引人瞩目。在铁路运输还没有问世的时代，运河承担起英国工业革命的主要运输责任。在 1770—1830 年运河发展的黄金时代，英国人将全国几乎所有的河流都用运河串联起来，形成一张通航总长度达到 6000 多公里的四通八达的河道网络。为了让船只能够畅快地航行，工程师们必须克服各种障碍，尤其是不同河流之间存在的水位落差。除了修建船闸（Navigation Lock）之外，还在许多地方修建高架水道桥，由特尔福德设计的庞特斯沃泰水道桥就是其中最著名的例子之一。这座 307 米长的水道桥从 38 米高的空中“飞越”下方的迪河（River Dee）。水道桥总宽 3.7 米，一侧是 2 米多宽的水槽，水深 1.6 米，可以提供特制的“窄船”㊀（Narrowboat）通航，另一侧则是行人和拉船的马匹行走的通道。当时只要一匹马就可以拉动装载 30 吨货物的“窄船”，比马车的装载量高出 10 倍。

不过好景不长，运河的建设高潮才刚刚掀起，铁路就问世了。1825 年，首列火车在英国投入运行，到 1846 年，英国铁路总里程就超过 1 万公里。

㊀ 为适应乡村河道狭窄弯曲的状况，并且能够方便地通过各处水闸（一般只有 2.13 米宽），英国运河上通航的船只宽度被限制为 2.08 米，而长度则被限制为 17~22 米。

英国中部的牛津运河，画面中央可以看到一座用来调节水位的船闸（摄影：M. Bannister）

英国运河和内河航运就此每况愈下。20世纪50年代以后，尽管运河已经越来越少被用于运输货物了，但随着人们对运河的历史以及对休闲等方面潜在用途的兴趣日益浓厚，却开始迎来新生。如今英国大约有3500公里长的运河和内河河道已经被重新修整起来，经过现代化改造的“窄船”再次投身于这些狭窄的河道之中，将包括首都伦敦在内的英格兰众多城市、乡村串联成网。以这座庞特斯沃泰水道桥为例，如今每年都有超过10000艘次的“窄船”搭载着休闲的游人在这里“慢游”驶过。

6-3 伊桑巴德·金德姆·布鲁内尔

伊桑巴德·金德姆·布鲁内尔（Isambard Kingdom Brunel，1806—1859）是铁路时代英国最杰出的铁路、桥梁、隧道和船舶工程师，在英国19世纪工业革命发展进程中扮演了极为重要的角色。

1859年建成的皇家阿尔伯特大桥（Royal Albert Bridge）是布鲁内尔的经典设计，两个跨度138.7米的主跨采用别致的鱼形桁架结构，具有令人过目难忘的造型特征：你可以把它看成是拱桥，因其粗大的上弦呈拱形；

皇家阿尔伯特大桥（摄影：N. Hicks）

你也可以把它看成是悬索桥，因其纤细的下弦呈悬索形；拱受力时对桥塔所产生的水平推力与悬索所产生的水平拉力相互抵消，结构造型极富想象力。这座大桥直到今天仍在作为铁路桥使用。1962 年出版的英国桥梁规范将它视为典范，指出：“如果我们的祖父的祖父所建造的大桥现在还能使用，那么我们现在所建造的大桥就应该让我们的孙子的孙子也能使用，这样才公道。”[20]59

布鲁内尔站在他设计的远洋轮船大东方号缆索前（R. Howlett 摄于 1857 年）

2002 年，英国 BBC 组织了一次关于“英国历史上最伟大的 100 个人”的投票，布鲁内尔被评为第 2 名，仅次于在第二次世界大战中拯救了英国的著名政治家温斯顿 · 丘吉尔，而高居于达尔文、莎士比亚和牛顿之前。

6-4 福斯湾大桥

1890 年建成的苏格兰福斯湾（Forth）跨海铁路大桥堪称是 19 世纪以前人类建造过的最壮观的建筑结构之一，它的设计师是约翰·福勒（John Fowler，1817—1898）和本杰明·贝克（Benjamin Baker，1840—1907）。这座大桥原本计划要建成悬索桥，但是由于设计者托马斯·布奇（Thomas Bouch，1822—1880）此前设计的一座铁路桥 1879 年不幸在强风中坍塌造成严重伤亡，布奇因此被剥夺了福斯湾大桥的设计权，而交给了福勒和贝克。贝克很早就研究过这种特大跨度桥梁的建造问题，他认为悬臂桁架梁结构非常适合建造跨径超过 200 米的大桥。他为福斯湾大桥提出的设计方案最大跨径达 521 米，比采用悬索结构的布鲁克林大桥还要长出 35 米，其中每个悬臂向外悬挑多达 207 米，中央再接一个 107 米长的桁架梁。为了保证在强风中不会倾覆，桥身结构被大大加强。三座主塔高 110 米，被做成下宽上窄的金字塔形，底部宽达 37 米，桁架钢管最大直径达 3.6 米。为了建成这座大桥，73 名工人失去了生命。这座大桥至今仍在使用，每天都有多达 200 列客货列车从这里通过。

福斯湾大桥（摄影：J. Reid）

6-5 亨利·拉布鲁斯特

在房屋建筑上，铁的应用也在 19 世纪中叶取得重大进展。法国建筑家亨利·拉布鲁斯特（Henri Labrouste，1801—1875）是较早探索铁造建筑新形式的建筑师之一。1843 年，在巴黎先贤祠旁建造的圣热纳维耶芙图书馆（Sainte-Geneviève Library）中，拉布鲁斯特对铁的表现形式进行了较早的尝试。位于二楼的阅览大厅筒形拱顶由铁柱支撑，弧形铁制拱架清晰地暴露在顶棚之下，呈现出优雅的新古典主义气息。

圣热纳维耶芙图书馆阅览室（摄影：M. Listri）

1860—1868 年，拉布鲁斯特又在巴黎老国家图书馆设计中进一步探讨铁件的可能表现形式。特别是在藏书库的设计中，他用铁件和采光玻璃顶棚营造了一个崭新的室内氛围。当时的一篇文章称赞它道：“这里的每

巴黎老国家图书馆藏书库（摄影：M. Meffre & T. Shimmura）

一样东西，甚至一颗螺丝钉、一颗铆钉，都是一件新创造出来的工艺品。”[21]

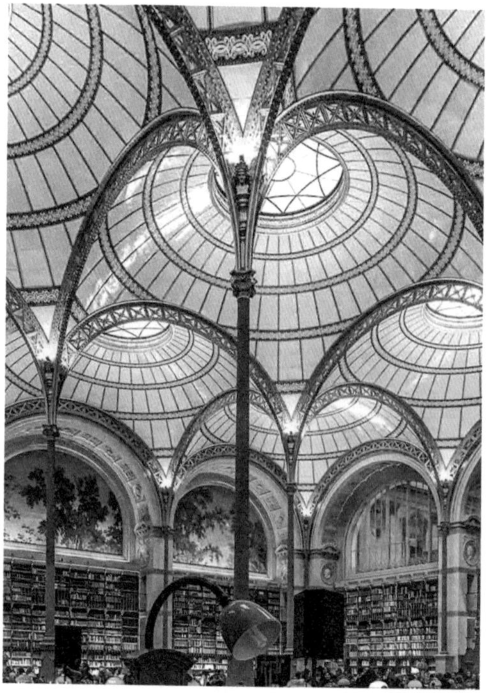

巴黎老国家图书馆阅览室

不过在这两座图书馆的许多部分，拉布鲁斯特仍然采用传统的做法。例如圣热纳维耶芙图书馆的每一根铁柱都落在一个占有相当比例的石质基座上；而巴黎老国家图书馆的阅览室中仍然用铁来模仿传统的石造穹顶，铸铁柱上甚至惟妙惟肖地刻画出柱础、柱身凹槽和柱头这些石柱特有的装饰特征。两座图书馆的外观设计也仍然采用石材时代的古典主义立面，完全看不出内部的新颖做法。

6-6 伦敦水晶宫

1851 年，在英国维多利亚女王（Victoria，1837—1901 年在位）的丈夫阿尔伯特亲王（Prince Albert，1819—1861）倡议下，第一届世界博览会（Great Exhibition）在伦敦市中心海德公园举办，专门展示工业革命的空前成就。欧洲众多建筑师参加了展馆设计竞赛，一共提出 245 个设计方案。由于建造工期要求极短，传统的设计方案无一能够满足要求。迫于无奈，组委会不得不采用了唯一可行的、由园艺师约瑟夫·帕克斯顿（Joseph Paxton，1803—1865）提出的玻璃温室式的设计方案。这是一个完全用玻璃和铁架建构的庞然大物，全长 1851 英尺（564 米），象征这个值得纪

水晶宫外观（D. Roberts 绘于 1851 年）

念的年份，宽 456 英尺（139 米）。为了平息保守民众对在海德公园举办博览会的批评声浪，帕克斯顿巧妙地通过 128 英尺（39 米）高的中央拱顶将基地中的几棵大树包裹在内。虽是如此庞大的建筑，但其构造却十分灵巧简便。通过采用网格模数

1851 年伦敦世界博览会现场（D. Roberts 绘于 1851 年）

1851 年 5 月 1 日维多利亚女王出席开幕式（D. Roberts 绘于 1851 年）

制，几乎所有的构件都可以在工厂中批量快速生产，而后运到施工现场按次序进行组装，仅用了 4 个月的时间就全部建造完毕。整座建筑共采用了 8.4 万平方米的玻璃，由于通体透亮，被恰如其分地称为“水晶宫”（Crystal Palace）。尽管还要再过一个世纪，这座“水晶宫”所具有的全新风格才能被主流社会所接受，但建筑历史的新纪元已经无可阻挡地滚滚到来。

6-7 巴黎世界博览会机械展览馆和埃菲尔铁塔

1889 年法国大革命 100 周年之际举办的第 4 届巴黎世界博览会上，由工程师维克多·康塔明（Victor Contamin，1840—1893）和建筑师费迪南德·杜特尔特（Ferdinand Dutert，1845—1906）合作设计的机械展览馆（Galerie des Machines）长 420 米、高 48 米，跨度达到 115 米。它采用钢铁时代特有的三铰拱结构，逐渐变细的铁桁架支点末端可以承受 120

1889年巴黎世界博览会机械展览馆内景

吨的集中压力，充分展现了现代结构的力量之美，实现了与传统金字塔式建筑迥然有别的形式和审美上的彻底创新。

这座机械展览馆的命运比水晶宫略好一些，展览结束后直到 1910 年才被拆除。而同时建造的以工程师古斯塔夫·埃菲尔（Gustave Eiffel，1832—1923）名字命名的、只是为了展现钢铁建筑能够轻易达到极高高度的展品埃菲尔铁塔（Eiffel Tower，高 300 米），却由于无线电的发明而被作为发射塔幸运地保存下来，成为巴黎这座有着无数传统建筑的历史名城即将迈进新时代的象征。

埃菲尔铁塔（摄影：M. Quincy）

第七章 英国工艺美术运动

『真正的艺术必须是为人民而创作的。』

7-1 威廉·莫里斯

建筑艺术领域的19世纪是个充满矛盾和酝酿变革的世纪。一方面，大量新式铁桥、火车站以及水晶宫、机械展览馆和埃菲尔铁塔都给人留下深刻印象；而另一方面，绝大多数的建筑师却继续对由新材料和新技术所可能带来的风格和美学上的全新变化无动于衷。就在埃菲尔铁塔建造前夕，巴黎当局收到一份诉状："我们这些作家、画家、雕刻家和建筑家，以法国人的高尚鉴别力，对这一威胁法国历史的埃菲尔铁塔的建造表达我们强烈的愤慨。在我们的首都中心竟然会耸立这样一座毫无用途的庞然大物！"[22] 人们继续生活在已经习以为常的传统建筑氛围中，希腊复兴、罗马复兴、哥特复兴这些历史主义的形式作为动荡年代稳定人心的象征，仍然继续在建筑中占据统治地位。但是时代正在发生不可逆转的巨变。工业革命彻底结束了慢条斯理、自给自足的农业时代，四通八达的铁路使人们的生活空间大大扩大，生活节奏大大加快，大批新式商品蜂拥而入人们的生活。然而，这些商品的品质有的时候却并不那么让人满意。

1857 年，一位英国青年画家威廉·莫里斯（William Morris，1834—1896）准备筹办婚礼。他跑遍伦敦大大小小的商店，却发现竟然找不到一件合意的家居用品。他所看到的要么是奢侈矫饰的贵族式样，要么是工厂粗制滥造、“丑得既蹩脚又自以为是”的、令人“无法描述的垃圾。”[23]13 失望之余，莫里斯决心自己动手设计制作家具、墙纸、壁挂以及各类用具。就连位于伦敦东郊的新房本身也是在好朋友菲利普·韦伯（Philip Webb，1831—1915）的协助下亲自设计建造的，外观采用的是哥特复兴的做法，大坡面屋顶具有浓郁的中世纪气息，表面为不加粉饰和贴面的本地产红砖，与自然环境十分贴近，并因之得名“红屋”（Red House）。

莫里斯画像（C. F. Murray 绘于 1870 年）

莫里斯红屋内景

莫里斯红屋外观

7-2 奥古斯都·普金

莫里斯的审美观念深受奥古斯都·普金和约翰·拉斯金（John Ruskin，1819—1900）的影响。前面介绍过，普金是 19 世纪重建的伦敦国会大厦主要建筑师之一。作为英国哥特复兴的代表人物，他十分推崇中世纪，甚至将温克尔曼的名言“使我们变成伟大甚至不可企及的唯一途径乃是模仿古代”中的“古代”解释成中世纪基督教时代。不过他所真正推崇的应该是那个时代的精神和价值观。在 1841 年发表的《尖拱建筑或基督教建筑的真谛》一文中，他表达了这样一种思想：“就一座建筑物而言，它应该具有便利、结构与合宜这些必需的特征。结构本身应该视所使用的材料而改变。”[23]1 作为一名哥特复兴建筑家，他反对复兴希腊建筑风格，他认为希腊建筑是用石头去模仿木头的结构。而另一方面，有些矛盾的是，他也不赞成像草莓山别墅那样的新哥特建筑，他视那些昂贵的装饰为“极其浪费的现象”，认为它们违背了“哥特建筑的真正原则”，那就是将材料作为结构与构造的决定性因素。[12]245 他的这种观念将在下一个世纪成为现代主义的思想源泉。

普金画像（绘于 1840 年）

普金画笔下的中世纪平民生活

7-3 约翰 · 拉斯金

拉斯金（F. Hollyer 摄于 1894 年）

约翰 · 拉斯金也是一位哥特复兴提倡者，是 19 世纪中后期转折时代英国最重要的艺术理论家。他率先将道德因素引入艺术评判之中，使之成为衡量艺术的重要标尺，对现代建筑和设计的诞生产生了极为重要的影响。他抨击古典复兴和折中主义艺术，他批评当代艺术家“已经脱离了日常生活，只是沉醉在古希腊与意大利的迷梦之中。这种只能被少数人理解，使少数人感动，而不能让人民大众了解的艺术有什么用呢？”他指出：“真正的艺术必须是为人民而创作的。如果作者与使用者对某件作品不能有共鸣并都喜爱它，那么即使这件作品是天宫的神品也罢，实质上只是件十分无聊的东西。”他认为美术是构成完美社会必需的组成成分，但这样的美术不是“为美术的美术，而是要工人对自己所做的工作感到喜悦，并且要在观察自然、理解自然之后产生的美术”，因此，艺术家必须学会从大自然中汲取营养。[24]10 他的思想可以说是对文艺复兴运动把艺术家提升到脑力劳动高级职业以来艺术创作高高在上现象的“反动”，试图让艺术家们像中世纪时代那样重新回到大众中去，去为大众服务。这在当时无疑是先进的思想。

7-4 莫里斯公司

威廉·莫里斯完全赞成拉斯金的思想。他同样也不接受那种只为少数人的教育与自由的存在，也不追求那种只为少数人服务的美术。他说："与其让这种为少数人服务的美术存在，倒不如把它扫除掉。"他不承认有所谓"大艺术"（即绘画、雕塑等造型艺术）与"小艺术"（即一般工艺美术）之分，他说："这种区分对艺术并无好处。因为一旦如此区分，小艺术就变成无价值的、机械的和没有理智的东西。另一方面，由于没有小艺术的帮助，大艺术也就失去成为大众化艺术的价值，而成为毫无意义的附属品或有钱人的玩物了。"[24]13 以他自己的"红屋"建造为契机，身为画家的莫里斯决心把已经开始尝试的手工艺设计和制作经验推广到社会中去，使之能为更多的平民大众服务。

1861 年，莫里斯与菲利普·韦伯、爱德华·伯恩－琼斯（Edward Burne-Jones，1833—1898）等几位朋友一起组建了"莫里斯·马歇尔·福克纳公司"，专业从事雕刻、彩色玻璃、金属制品、印花织物、墙纸、地毯以及家具等的设计制作。这是世界上第一家专由艺术家进行设计活动的现代设计机构。1875 年，莫里斯成为重组后的"莫里斯公司"的独资经营者。到 1896 年莫里斯去世时，莫里斯公司生产了大量具有自然主义特征的手工艺产品。

莫里斯公司设计的家具（1880 年）

然而莫里斯与拉斯金的思想都有很大的局限性。拉斯金一方面主张艺术要为多数人服务，另一方面他却极力反对最有可能实现这个目标的机器化大生产，认为它会将操作者退化为

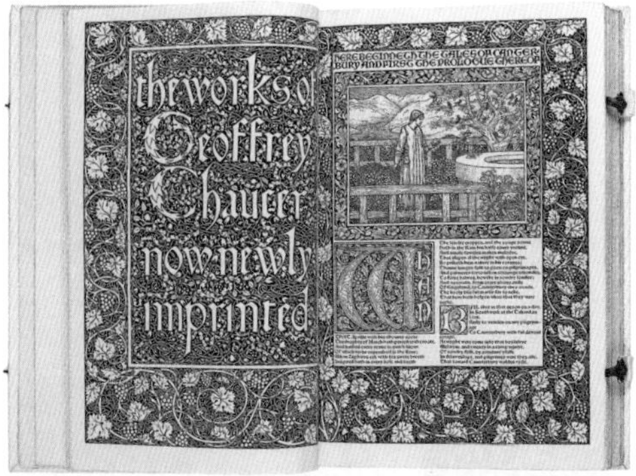

莫里斯公司设计的书籍（1896年）

莫里斯公司设计的墙纸（1876年）

机器，而由失去工作乐趣的“机器”生产出来的只能是粗制滥造的劣质产品。他主张艺术家应该师法自然，推崇在他看来是艺术与自然完美结合典范的中世纪手工艺时代。莫里斯也持有同样的看法，他将机器产品视为“完全是有害的东西。”[23]13他的本意是要让普通民众也能享受到从前只有贵族阶层才能享受到的艺术魅力，可是由于他过度排斥机器，却使得产品的制造成本无法降低，产量少而价格贵，实际上根本无法为平民大众所享有。但是尽管如此，莫里斯的努力却带动了相当一批年轻的艺术家和建筑家将精力从所谓的“大艺术”中，转移出来，以理想主义的情感投入到为提高普通人生活品质而努力的工作中去，从而在19世纪后半叶形成一个史称“工艺美术运动”（Arts and Crafts Movement）的设计革命浪潮。

7–5 亚瑟·海格特·麦克默多

亚瑟·海格特·麦克默多（Arthur Heygate Mackmurdo，1851—1942）也是拉斯金的门徒。1882年，他仿效莫里斯公司的模式，与一批志同道合的艺术家朋友一道成立了专门从事家具、彩色玻璃、金属制品、装饰画和建筑设计的“艺术家的世纪行会”（Century Guild of Artists）。“行会”这个名称具有浓郁的中世纪色彩，意味着精湛的工艺、团结合作以及没有剥削的理想主义。1884 年，世纪行会还出版了旨在宣传工艺美术运动的杂志《木马》（*Hobby Horse*）㊀，这是世界上第一本专业的视觉艺术杂志，虽然发行的时间只有 10 年（总共 28 期），但却为后来一系列倡导新艺术思想的杂志的诞生起到了引领作用。

右图为 S. Image 设计的《木马》杂志封面（1884 年）
左图为麦克默多设计的靠背椅（设计于 1883 年）

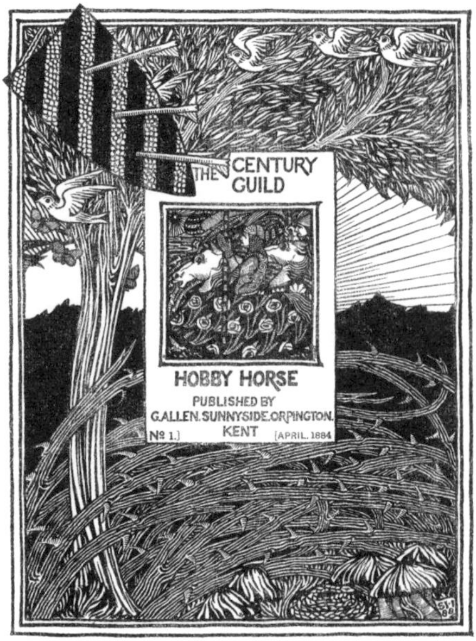

㊀ Hobby Horse 是欧洲许多国家民俗节日时用于营造氛围的木制“马”，不仅仅有孩童玩耍用途。

第八章 新艺术运动

“石头要像石头，木头要像木头，铁要像铁。”

8-1 “新艺术”

英国工艺美术运动的影响很快就波及欧洲大陆。从 19 世纪 90 年代起，欧洲大陆上以比利时和法国为代表掀起了一场以探寻新建筑发展之路为目标的“新艺术运动”（Art Nouveau）㊀。新艺术运动与工艺美术运动有相似之处：它们都反对历史主义，都推崇美好的自然形态（事物的本来面目）和优秀的人类手工技艺。但是两者之间也有明显的不同：工艺美术运动的艺术家注重使用传统材料，试图以传统材料和手工艺创作来对抗新材料和机器化生产；而新艺术运动艺术家则没有那么局限，能够主动地对待那些新近诞生的各种新材料——它们已经在桥梁、博览会、火车站和工业厂房这样的“异类”建筑中大放光芒，渴望挖掘出它们所可能具有的

㊀ “新艺术”这个用语来源于艺术品经销商齐格弗里德·宾（Siegfried Bing，1838—1905）于 1895 年在巴黎开设的画廊名称。齐格弗里德·宾在宣传新艺术运动以及将日本艺术介绍到欧洲等方面都发挥了较大作用。

潜力，从而创造出一种全新的艺术形式。正像比利时中央建筑协会杂志《竞争》1872 年发表的一篇文章所说：“我们的使命是创造自己的东西，创造出我们能给予新的名字的东西。我们的使命是发明一种新风格。”[25]65

维奥莱 - 勒 - 迪克（摄影：F. Nadar）

维奥莱 - 勒 - 迪克《建筑学讲义》插图：铁与石工，大空间的起拱

8-2

尤金·维奥莱 – 勒 – 迪克

法国哥特复兴建筑家尤金·维奥莱 - 勒 - 迪克（Eugène Viollet-le-Duc，1814—1879）是新艺术运动的灵魂。他被誉为是可以与文艺复兴著名建筑家莱昂·巴蒂斯塔·阿尔伯蒂（Leon Battista Alberti，1404—1472）相比肩的“建筑学领域最后一位伟大的理论家”。[12]207 在其两部主要著作《11—16 世纪法国建筑理论辞典》和《建筑学讲义》中，他系统阐述了有别于传统的“新艺术”思想。在《11—16 世纪法国建筑理论辞典》一书中，维奥莱 - 勒 - 迪克指出：“对于建筑师来说，建造就是依照材料的特性与本质来运用它，并表达出以最简单和最有力的方法来达到目的的意图。……建造者采用的方法一定要依据材料的特性、他可以支配的建造经费、每一类建筑的特殊要求，以及他所处的文化环境而有所变化。”[12]208 在这里，他阐述了建筑设计的两个原则：一是要忠实于材料和建造方法；

二是要尊重民族文化因素。他的这些观点将对高迪、沙利文和赖特等人产生重大影响。

维奥莱-勒-迪克憎恶折中主义，将它视为是“一种罪恶”[26]140。但是与拉斯金不同，他对机器和钢铁材料充满了热情。比勒·柯布西耶和未来主义早半个世纪，他就在《建筑学讲义》中赞美以火车为代表的现代机器：“火车几乎是一个生命体，它的外部形式是其力量的直接表达。有人称它为丑陋的机器，但为什么丑陋？这不正是它所承载的强大能量的真实表现吗？它难道不应该作为一件完美的、有秩序的、有特点的事物而被所有人欣赏吗？”[26]137 他主张建筑设计必须要有一个主导理念：“必须根据材料的特质正确运用材料。材料的形式必须能说明它们的功能：石头要像石头，木头要像木头，铁要像铁。”[26]353 他为人们指出了一条能够取代折中主义的建筑新路。

8-3 维克多·霍尔塔

维克多·霍尔塔（Victor Horta，1861—1947）是最早接受维奥莱-勒-迪克思想的建筑家之一。面对似乎具有无穷潜力的钢铁材料与墨守成规的历史主义之间的对立，奥尔塔将目光转向东方。他从新近在西方艺术界——尤其是在具有反叛精神的印象派画家中——引起极大关注的日本浮世绘艺术表现中找到灵感。他发现在东方绘画中那种自然纤细的线描造型与铁易于延展的特性是如此相似，完全可以加以借鉴。一种可以恰如其名地称之为“新艺术”的全新风格在霍尔塔的努力下诞生了。

霍尔塔（G. Deltour 摄于1900年）

塔塞尔公馆楼梯间

范·埃特维尔德公馆内景

1892—1893 年间，霍尔塔在布鲁塞尔的塔塞尔公馆（Hôtel Tassel）首次将这种前所未见的新形式展现在世人面前。位于建筑中部的楼梯间可能是历史上最为人所称道的几个楼梯间杰作之一。铁柱的细长比例表现出与石柱不同的特点，使得不大的空间显得格外通透。柱头的设计尤为新颖，与拉布鲁斯特在巴黎的两座图书馆所设计的模仿石头的铁柱相比，它没有去模仿任何一种传统柱头样式。从柱顶向上绽开的卷曲蜿蜒富于弹性的线条设计十分符合铁易于伸展的特性，它们与同样用扁铁营造的栏杆曲线造型以及地毯、壁面和天花上的装饰花纹一道，营造了堪与洛可可风格相媲美的高贵、优雅的室内装饰气氛。西方传统观念中对美的认识现在终于可以在用铁这种新材料所创造的新形式上找到共鸣点。

塔塞尔公馆建成后的 10 年间，霍尔塔又在布鲁塞尔设计建造了范·埃特维尔德公馆（Hôtel van

Eetvelde）、索尔维公馆（Hôtel Solvay）等一系列具有相似风格的公馆和其他建筑，其中好几座如今都还很好地保留着，被列入世界文化遗产名录。

8-4 亨利·范·德·费尔德

费尔德（摄于1910年）

费尔德1897年设计的靠背椅

亨利·范·德·费尔德（Henry van de Velde，1863—1957）也是比利时新艺术运动的开创者之一。他本是一名画家，促使他于1892年走上设计之路的是与莫里斯非常相似的原因：选购不到“真实面目的”[27]212结婚家具。费尔德主要从事家居用品、家具和室内设计。他的设计思想来源于莫里斯，但他不赞同莫里斯一切向中世纪看齐的观点，而是充分肯定现代技术的作用，相信现代机器批量生产的产品同样可以具有与艺术家手工打造的产品相比肩的美感。他说：“显然，机器终将挽回它们导致的一切不幸，并弥补它们助长的所有暴行。它们曾经不分青红皂白地生产。但它们一旦被美所掌握，就会用强有力的铁臂来生产美。”他宣称：“如果我不是尽力去适应现代机器，将以前要靠工匠纯手工完成的产品改用工业生产的方式，我将不属于我所生活的时代。”[12]285这种极为超前的思想使他走在了时代发展的最前列。

费尔德设计的萨克森大公工艺美术学校校舍（摄影：T.Müller）

1899年，费尔德移居德国。1906年，他在魏玛创办“萨克森大公工艺美术学校”，大力宣扬艺术与技术相结合的新思想，从设计教育领域推动新艺术运动向前发展。这所学校十几年后将演变成为著名的包豪斯学校。

8-5 赫克托·吉马德

吉马德设计的巴黎贝朗格府邸门廊（摄影：A.Rauchen）

巴黎地铁出入口（摄影：T.Ledl）

赫克托·吉马德（Hector Guimard，1867—1942）是法国最著名的新艺术运动艺术家。他的作品非常富有想象力，从家具、灯具到建筑，无不具有神奇的自然主义风格。其中最著名的是1899—1913年为巴黎地铁设计的141座用铁和玻璃制作的地铁出入口，其中86座直到今天还在使用。它们模仿自然生长的植物枝干和海洋贝壳，仿佛是从奇特的地下世界生长出来的一样，形成巴黎街头最富特色的地标。

8-6 安东尼·高迪

新艺术运动最伟大艺术家的名号毫无疑问当属西班牙人安东尼·高迪（Antoni Gaudí，1852—1926）。在长达半个世纪的时间里，高迪以其卓尔不群的超凡想象力为巴塞罗那设计了一批梦幻般的作品，将新艺术运动反传统的曲线造型和“自然”表现特点推向了极致。

高迪（P.A. Deglaire 摄于 1878 年）

1906 年建成的巴特罗公寓（Casa Batlló）和 1912 年建成的米拉公寓（Casa Milà）是高迪最经典的代表作。在这两座相距不远的建筑表面，石材被加工成仿佛经历千万年海水侵蚀的岩崖，它们或有着骨骼化石般的柱子，或有着海藻般的阳台，或有着犰狳背脊般布满鳞甲的屋顶，或有着岩洞般的内部。在高迪看来，建筑早已不再是用冷冰冰的石头通过精密计算的僵硬产物，而是充满了无穷的力量和无尽的生命，是真正的上帝的造物——“直线属于人类，曲线属于上帝”。

巴特罗公寓（摄影：C.A. Schröder）

米拉公寓（摄影：J. E De Cristofaro）

巴特罗公寓二楼大厅

米拉公寓中央天井鸟瞰图

巴特罗公寓是在高迪的建议下，由原有公寓大楼改建而成的；而米拉公寓则是完全新建的。不论是哪一种情况，这两座公寓与周围建筑和环境的关系都十分融洽，完全没有出现打断或破坏街道和街区基本格局的情况。它告诉我们这样一个事实，一件伟大的建筑艺术作品，完全可以像其他普普通通的建筑一样与周围普普通通的邻居和睦相处。在本书作者看来，这是高迪最伟大的地方。

1926 年 6 月 7 日下午，高迪在去教堂祷告的路上不幸遭遇车祸，几天后伤重去世，享年 74 岁。作为一名虔诚的天主教徒，他被安葬在他自己设计的圣家族大教堂（Basílica de la Sagrada Família）㊀内。这座教堂开始建造于 1882 年，原本打算建成哥特复兴的传统样式。1884 年，高迪正式接手大教堂的设计工作。在其后 43 年的漫长岁月中，他不断地推敲探索，如他的精神导师拉斯金设想的那样，与工匠们一同工作，最终将他逐渐形成的独特追求贯注其中，使之成为历史上最富个人特色的大教堂。

圣家族大教堂东北侧立面图（绘图：J. Volodina）

高迪没能亲眼看到圣家族大教堂完工。㊁他知道要建造一座奉献给上帝的大教堂不会是一代人的时间就能完成的工作，当有人催促他的时候，高迪说："我的客户不急。"到他去世的时候，只有横厅朝向东北一侧的耶稣诞生立面（Nativity

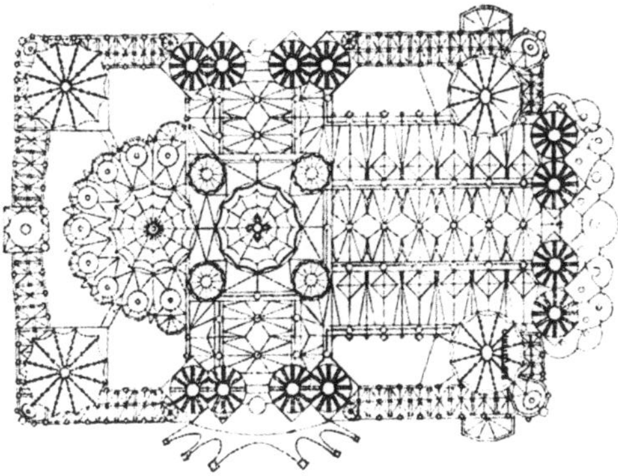

圣家族大教堂平面图

㊀ 该教堂并非巴塞罗那教区主教座堂，虽然它从一开始就是按照主教座堂（通常称为大教堂）的规模设计建造的。2010 年，该教堂被教皇本笃十六世（Pope Benedict XVI，2005—2013 年在位）册封为宗座圣殿，正式享有大教堂的地位。

㊁ 该教堂的原始设计图和模型毁于 1936 年西班牙内战的骚乱中。

圣家族大教堂中厅仰视（摄影：SBA73）

Façade，大教堂主入口朝向东南方向，圣坛位于西北方向）接近完成，预定的 18 座高度 100 米左右的高塔（中央十字交叉部的耶稣大塔及四角福音塔、圣坛上的圣母马利亚大塔以及东北、西南、东南三个立面上各 4 座耶稣使徒塔）只有耶稣诞生立面中的 3 座在他生前接近完工。高迪去世后，他的助手以及他们的后人按照中世纪代代相传的方式一直继续这项未竟的事业。

8-7 查尔斯·雷尼·麦金托什

麦金托什（J. C. Annan 摄于 1900 年）

查尔斯·雷尼·麦金托什（Charles Rennie Mackintosh，1868—1928）是英国新艺术运动的主要代表人物。1892 年，他在格拉斯哥美术学院夜校学习期间结识了未来的妻子玛格丽特·麦克唐纳（Margaret Macdonald，1864—1933）、妻妹弗朗西斯·麦克唐纳（Frances MacDonald，1873—1921）以及妻妹夫詹姆斯·赫伯特·麦克奈尔（James Herbert MacNair，1868—1955）。志趣相投的四个年轻人于1896年组成所谓“四人组”（The Four），共同从事新艺术创作活动。

格拉斯哥美术学院西北侧外观（摄影：H. Bagheri）

1897年，麦金托什在格拉斯哥美术学院大楼设计竞赛中获胜。大楼北立面的主入口一反传统的对称设计法则，齐整的玻璃大窗乍一看仿佛是几十年后才流行的现代主义风格。1906年完成的西立面也是不对称的，三个长条形凸窗冷峻而有力地分割墙面。

麦金托什椅（设计于1902年）

麦金托什也深受东方艺术的影响，特别留心观察日本浮世绘作品中由抽象概括的线条所产生的美感，并成功地将其应用到建筑、家具和室内设计中去。他的设计风格与其他偏爱自由曲线的工艺美术运动和新艺术运动艺术家有很大的不同，他对直线有一种特别的偏爱，这就使得他的作品看起来可以更容易地与机器批量生产取得某种联系，因而对艺术设计在未来的发展更有启发性——如果像麦金托什这样以直线和简单曲线为主的设计可以被认为是美的，那么最擅长做直线和简单曲线构件的机器就一定也可以做出美的东西来。

8-8 维也纳分离派

维也纳分离派展览馆，入口上方的文字为：时代艺术，艺术自由（摄影：B. Friedrich）

维也纳分离派展览馆内部，墙面上的连续壁画《贝多芬》由克里姆特创作（摄影：B. Friedrich）

1897 年，具有新艺术思想的奥地利青年艺术家古斯塔夫·克里姆特（Gustav Klimt，1862—1918）、约瑟夫·玛丽亚·奥布里奇（Joseph Maria Olbrich，1867—1908）和约瑟夫·霍夫曼（Josef Hoffmann，1870—1956）等人在维也纳发起成立一个名为“维也纳分离派”（Vienna Secession）的新艺术组织，以示同持传统观点的学院派决裂。1898 年，奥布里奇为这一组织设计了专门的展览馆（Secession Building），墙面陡峻挺拔的直线感与麦金托什的设计如出一辙，金银丝月桂枝穹顶和装饰细节则具有新艺术运动的自然主义特征。

8–9 奥托·瓦格纳

“维也纳分离派”的精神领袖是奥布里奇和霍夫曼的老师奥托·瓦格纳（Otto Wagner，1841—1918），1894 年被聘为维也纳美术学院建筑学教授。他极力主张要大胆创造立足时代的新建筑，强调建筑必须永远反映它的时代，必须表达当代的生活条件和构造方法。[28]302 不久之后，他以成名艺术家的身份加入“维也纳分离派”，投入探索新建筑的第一线。

瓦格纳（W. Weis 摄于 1915 年）

瓦格纳的代表作品是 1905 年建造的维也纳邮政储蓄银行（Wiener Postsparkasse）。它的内部大厅具有令人惊异的超时代预言性，乍一看仿佛是刚刚才由最时尚的设计师建造的：墙面是不加修饰的白色；顶棚是整

维也纳邮政储蓄银行大厅（摄影：J. Royan）

维也纳邮政储蓄银行外观（摄影：Bwag）

体发光的弯曲玻璃构造；柱子的下半部分逐渐变细，铝质铆钉与铝板表面闪闪发光；地面则铺着玻璃砖，为地下层提供采光。外立面也具有平直简洁的特征，墙面用抛光铝质铆钉固定的薄片大理石覆盖，只在屋顶上装饰有少量具有新艺术特点的金属花环和象征奥匈帝国仁德的胜利女神雕像。

与后来大多数现代主义建筑家很不相同的是，在重视单体建筑实现功能要求和技术性进步的同时，瓦格纳仍然高度重视作为整体的城市连续形象。他认为：“构思建筑应该重视的不仅是使建筑更加现代化的、当前的功能和技术，而且还要考虑城市作为一个整体的构图延续性，这将使新建筑拥有一副社会面孔，与已有的历史结构和空间相呼应，使城市更加美丽迷人。”[29] 受瓦格纳的影响，他的许多学生在参加 20 世纪初维也纳城市扩张和市政建设中（190 名参与者中有 33 位是瓦格纳的学生），既采用了大量的现代建筑手法和技术以降低成本，同时又十分重视与城市总体氛围相融合。即使是在为低收入者建设所谓“公共住房”（Gemeindebau）的时候，外观上仍然延续维也纳的建筑传统，使得低收入者们不仅得到了新的住房，而且能够像他们真正向往的那样，让自己的住宅“拥有传统的光辉”，居住得有尊严，能够分享城市历史与文化的骄傲。这是瓦格纳留给后人最珍贵的遗产。

由瓦格纳学生 H. Gessner 设计的维也纳第一座公共住房（摄影：T. Ledl）

第九章 芝加哥学派

“形式服从功能。”

9-1 纽约论坛报大厦

19世纪下半叶，偏居于新大陆的美国以其在摩天楼（Skyscraper）领域独到的设计活动加入了探索新建筑的潮流中。得益于1857年在纽约率先投入使用的乘客电梯技术以及日益完善的金属框架结构，摩天楼在商业高速发展的美国受到了特别的青睐，逐渐发展形成一种有别于历史主义传统的建筑新形式。

1854年在纽约万国工业展览会上，奥的斯电梯公司创始人埃利沙·奥的斯向公众展示防止电梯坠落的安全设计

纽约论坛报大厦设计图（绘于1873年）

1966年被拆除前的纽约论坛报大厦

“摩天楼”这个词是专门用来形容一种很高的大楼。时代的发展和地域的不同决定了人们对摩天楼的认识程度必然是不断变化的，一座在今天看来不值一提的高层建筑放在19世纪末可能就会被当成摩天楼。由于没有先例可循，最早的摩天楼建筑师普遍采用了已被广泛用于低层办公楼设计的中世纪或文艺复兴宫殿式样，而后根据使用的需要叠加楼层。例如1875年建造的纽约论坛报大厦（New York Tribune Building），它的立面就像是几座宫殿堆叠起来的大杂烩，顶层是法国“芒萨尔式”阁楼屋顶（Mansard Roof），中间那座高耸的塔楼更增添了建筑形式的紊乱。这座大楼原本只有9层，1903年又在上面增建了9层，最终在1966年被拆除重建。

纽约论坛报大厦的建筑师理查德·莫里斯·亨特（Richard Morris Hunt，1827—1895）曾经就读于巴黎美术学院，受过正规的建筑教育，但显然学院没有教授他摩天楼的设计方法。考虑到摩天楼是一种前所未有的新型建筑，建筑师在设计上的不适应是可以理解的。为摩天楼设计引入新秩序的工作将由芝加哥的一群建筑师来完成。

9-2 芝加哥家庭保险公司大厦

芝加哥是一座在美国开发大西部浪潮中迅速崛起的年轻城市。1871 年发生的一场大火将城中原有的木头建筑几乎全部烧毁，但大火并没有烧去芝加哥作为美国中西部中心城市的地位，相反，城市在灾后以更快的速度得以发展。从 1880 年到 1890 年的 10 年间，芝加哥的人口翻了一番，超过 100 万人，城市的地价更是从每英亩 13 万美元猛增到 90 万美元。在这样巨大的人口和地价压力下，摩天楼的建造成为商人们的最佳选择。

1884 年由威廉 · 勒巴隆 · 詹尼（William LeBaron Jenney，1832—1907）设计建造的芝加哥家庭保险公司大厦（Home Insurance Building，已于 1931 年被拆除）是美国最早采用全金属框架的摩天楼。它的立面设计较纽约论坛报大厦稍显整体，但在建筑表面分布的多层水平线脚仍然显得杂乱无章，尤其当后来又在顶上加建了两层楼以后就更是如此。

9-3 路易斯·沙利文

沙利文（摄于1895年）

率先为摩天楼设计树立新秩序的建筑师是路易斯·沙利文（Louis Sullivan，1856—1924）。他早年曾在詹尼的事务所中工作学习过一段时间，1879年加入丹克马尔·阿德勒（Dankmar Adler，1844—1900）开办的建筑事务所，并在不久后成为合伙人。

在密苏里州圣路易斯市（St. Louis）温赖特大厦（Wainwright Building，建成于1891年）和纽约州布法罗市（Buffalo）担保大厦（Guaranty Building，建成于1894年）设计中，沙利文确立了一套非常适合摩天楼的建筑语言。两座大楼都采用传统宫殿式的上中下三段构图，但中间段的长度被大大拉长。窗间柱从二层基座笔直升向檐部，窗梁和窗间墙则向后退缩，以衬托窗间柱所表现出的结构美感。

温赖特大厦（摄影：B. Laker）

沙利文认为，建筑的形式不应服从先例，而是应该服从功能。他在功能划分明确的基础上为这两座高层办公楼的不同部分拟定了相应的形式：底层和二层主要用于公众服务，需要宽敞的空间，体现在外观上就是较高的楼层和大面积的采光玻璃窗；三层以上是办公空间，具有严谨的柱网，窗子不必很大以适应内部空间分划；顶层是设备层，只需较小的窗子，因而不必与其下楼层一致；最上方则是一个华丽的水平檐部以作为立面构图的收束。

与后来将“形式服从功能”这句话奉为圭臬而主张去除一切非功能性装饰元素的现代主义建筑师不同，身处在新艺术运动时代，沙利文仍然在建筑表面大量使用装饰图案，使之具有非凡的艺术魅力。沙利文对建筑装饰有独到的见解。一方面，他充分了解新材料和新技术所可能带来的建筑美学观念的革命性变革，他说：“为了美学的利益，我们在若干年内应当完全避免装饰的使用，使我们的思想高度集中于那些造型完美且适度裸露的建筑上，为此我们不得不接受一些违心的事物，并通过对比懂得：当一个人以自然的、善意的和完整的方式思索时，将会产生多么好的效果。”另一方面他又认为，装饰作为一种享受，在建筑中有它存在的价值，不可完全否定。他说：“装饰是精神上的奢侈品而不是必需

担保大厦（摄影：J. Schumacher）

担保大厦屋檐局部

品，因为我们发现了未经装饰的物象的巨大价值，也发现了它们的局限性。我们内心中有一种强烈的表现愿望。我们直觉地感到，我们的那些强劲有力的体育健儿式的简单形式将会从容不迫地穿上我们梦寐以求的衣着，我们的建筑将披上诗意和幻想的外装。它们将以双倍的力量吸引着人们，就像一首以和谐的声音和美妙的旋律所谱成的乐曲一样。”[25]46

9-4 芝加哥马奎特大厦

在芝加哥，与沙利文具有同样美学观念的建筑师还有不少，后来被统称为“芝加哥学派”（Chicago School）。

芝加哥马奎特大厦（摄影：S. Minor）

威廉·霍拉伯德（William Holabird，1854—1923）和马丁·罗奇（Martin Roche，1853—1927）都曾在詹尼事务所学习并与沙利文共事过。他们俩于1895年合作完成的芝加哥马奎特大厦（Marquette Building）与沙利文的设计有相似之处，但它的中段窗子更加宽敞。他们将它设计成中间封闭、两侧开启的形式，以后被人们称为“芝加哥窗”（Chicago Window）。

9–5 芝加哥哥伦布纪念博览会

尽管芝加哥学派的“新建筑”尝试取得了很大的成效，不乏优美之作，但在当时大多数美国人的眼里，古典主义才是城市建筑应有的样貌。许多人抨击芝加哥学派摩天楼为“裸体建筑”，呼吁要为建筑着装打扮。1893 年，芝加哥举办世界博览会纪念哥伦布“发现美洲新大陆”400 周年，由丹尼尔·伯纳姆（Daniel Burnham，1846—1912）和约翰·韦尔伯恩·鲁特（John Wellborn Root，1850—1891）担负主要建筑的设计任务。他们放弃芝加哥学派风格，而改之以“钢铁框架 + 新古典主义外衣”的老欧洲风格，标志着新古典主义思想在美国重新抬头。沙利文对此痛苦地形容道：“芝加哥博览会对本国的破坏性影响将持续半个世纪。”[27]199

1893 年芝加哥哥伦布纪念博览会中心区（摄影：C. D. Arnold）

第十章 赖特的早期建筑生涯

“设计师的个性不应该以牺牲使用者的使用和舒适为代价。”

10-1 出道之初

赖特（摄于1906年）

在探索新建筑的道路上，还有一位伟大人物的身影不能不提，他就是弗兰克·劳埃德·赖特（Frank Lloyd Wright，1867—1959）。1887年，赖特从大学辍学前往芝加哥谋职，并于1888年进入沙利文的事务所学习和工作。在这里，他一方面作为助手参与了许多大型项目的设计，另一方面却将主要精力放在规模较小但数量很多的住宅设计上。在这些住宅设计中，他开始探索一条有别于欧洲传统风格的、真正属于美国中西部辽阔草原的住宅设计新路。1893年，由于背着老板干私活，赖特被沙利文解雇，从此开始独立的、为期66年的建筑设计生涯。

10–2 温斯洛住宅

赖特独立开业的第一个项目是 1893 年在芝加哥郊区里弗福里斯特（River Forest）建造的温斯洛住宅（Winslow House）。对于这件“处女作”，赖特终生难忘。当房子建成的时候，他的心中充满了艺术创作的自豪感，准备随时迎接人们的欢呼。许多年之后，赖特回忆说：“我记得当时曾经爬上建筑的房顶，收起梯子，然后等待着。过了一会儿，几个年轻女人走了过来。一个人说：‘他们说造这幢房子花了 3 万美金，可我什么都没看出来。’另一个人说：‘我可不想要这么个房子，这会让我去车站都得走小路，以免被人家笑话。’作为一名年轻建筑师，我花了好一段时间才从这种反响中恢复过来。”[30]69 赖特对此进行深入的反思，他找到了原因：建筑的尺度不符合正常人的感受。他决心今后要更加贴切建筑所赖以存在的土地。经过努力探索，他终于创作出深受美国中西部民众欢迎的草原风格（Prairie Style）。赖特后来总结说：“设计师的个性不应该以牺牲使用者的使用和舒适为代价。使用者的使用和舒适应该是建筑内在最私有的财富，也应该被外在所感受。……（设计师的个性）不是一种滥用的特权。”[30]58 赖特一生再也没有听到类似评价。

温斯洛住宅正面外观

温斯洛住宅背面外观（摄影：C. Sherman）

10-3 威利斯住宅

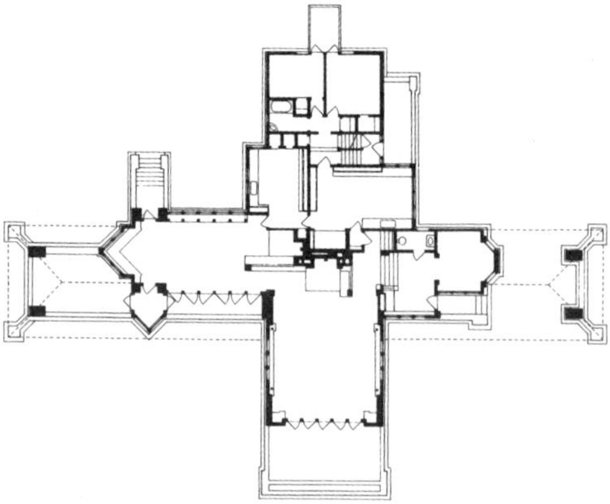

威利斯住宅一层平面图

威利斯住宅一层餐厅。室内家具陈设都由赖特设计

1901年，赖特建造了位于芝加哥郊区高地公园（Highland Park）的威利斯住宅（Willits House），这是草原风格的早期代表作之一。它的平面采用美国住宅传统的十字形平面，使各个房间都能得到充足光线。这是赖特十分喜爱的一种平面形式。它的核心是一座很大的壁炉，各个房间都围绕这个壁炉布置。赖特希望这样的安排能促进家庭生活的凝聚力，这种“神圣的”道德观主宰了他的草原风格住宅设计全过程。建筑史家们总爱将这座建筑与帕拉第奥的圆厅别墅进行对比。圆厅别墅也是十字形平面，但它的中央是一个高于一切的圆筒形空腔，它的平面“是工业化以前人文主义世界的杰出反映，在那个时代，人占有一个永恒的居中位置”；而赖特的平面则“是一个现代人的形象，他被卷入到不断的改变和运动之中，如果需

威利斯住宅外观（摄影：Teemu008）

要，他会抓住一切看似稳固的东西而不管这是否是世界的中心。”[31]50

赖特曾经参观过芝加哥哥伦比亚世界博览会上以京都凤凰堂为样板建造的日本馆。它所表现出来的流畅的室内外空间关系、横向伸展的悬挑屋檐、简洁灵活的屏风式墙面以及不施浓饰的朴素构造等做法都给赖特留下深刻印象，对他草原风格的最终成熟产生重大影响。威利斯住宅的外观充分体现了这种风格的基本思想。首先是低缓的坡顶、低矮的比例、出挑很大的屋檐以及连续伸延的窗子和平台设计，使得水平方向的舒展感受表现得更加突出，和大地形成安静的关系。他说：“我认为这种横向延伸的线才是真正的人类生活的接地线。”[30]63 其次是注重发挥材料本身特色，墙面仅施以白色粉刷，木框架均保持本色。他将这样的特点归之为“有机建筑”（Organic Architecture）。对于这个概念，赖特并没有做过确切解释。事实上，“有机”这个词可能是20世纪建筑界被使用最广泛的词语之一。它的含义可以是拟写自然，比如高迪的作品；或者是使用天然材料；或者是与自然充分协调等。按照赖特女儿伊万娜·劳埃德·赖特（Iovanna Lloyd Wright，1925—2015）的理解，赖特的“有机建筑”是“为人服务并满足于它的建造目的”，能“真实地体现它的基地环境，并且真实地体现建造它的材料特性”，忠实于“局部与整体连续统一原理”的建筑。[31]37

建筑评论家西格弗里德·吉迪恩（Sigfried Giedion，1888—1968）将赖特称为是“一位罕见的建筑师”。[27]291 当欧洲新艺术建筑家们可以不断地从同时代的其他艺术领域汲取营养的时候，赖特却是孤独地在美国乡间辟路前行。

10-4 布法罗拉金行政大楼

布法罗拉金行政大楼外观

布法罗拉金行政大楼内部天井

1903 年，赖特在布法罗郊区为拉金肥皂公司设计行政大楼（Larkin Administration Building）。在这座大楼中，赖特表现了与他的草原风格既不同又有相似之处的设计特点。不同之处在于，拉金行政大楼不是一座能够很好融入周围环境的建筑，恰恰相反，它的立面冷峻、森严、高墙壁立，仿佛要将工业生产的喧嚣全都拒之门外。内部中央是一个采光天井，四周环绕的各个楼层都开高窗，只允许外部“未受污染”的天光照亮内部，却不允许视线做内外交流。从某种意义上说，这似乎又与他对田园生活推崇的性情相呼应。

1943 年，拉金公司因经营不善不得不将行政大楼出售，而后于 1950 年被拆除。

10-5

橡树园的“一位论派”教堂

位于芝加哥西区橡树园（Oak Park）的“一位论派”教堂（Unity Temple）建于1905年，不论是外观造型、平面布局还是室内设计都与传统教堂截然不同，以其在草原住宅设计中驾轻就熟的简洁几何体块组合方式开创了20世纪现代教堂设计的新气象。

『一位论派』教堂外观，右侧为附属的社区活动中心（摄影：L. Chilsen）

『一位论派』教堂内景（摄影：A. Pielage）

这座教堂是用当时刚刚问世的钢筋混凝土新技术建造的。在这方面，赖特走在了时代的最前列，是最早运用钢筋混凝土建造建筑并毫不掩饰地表现其特有美感的建筑家之一。

1909年，赖特陷入私生活危机。由于抛弃结婚20年的妻子而与所谓“红颜知己”梅玛·博思威克·切尼（Mamah Borthwick Cheney，1869—1914）私奔，赖特在他生活多年的芝加哥声名狼藉，业务关系几乎完全中断。赖特携切尼夫人避往意大利旅居一年。在此期间，他的作品集在德国出版，他独到的设计思想被欧洲建筑师所认识，对欧洲即将掀起的现代主义运动起到很大的推动作用。而这时，格罗皮乌斯、密斯和勒·柯布西耶才刚刚开始他们的建筑生涯。

第十一章 钢筋混凝土

“工程师必须充分利用新材料，然后就可以得到由材料性质所决定的新结构形式。”

11-1 混凝土“重生”

19 世纪末建筑技术领域最后一项重要突破是钢筋混凝土。用混凝土来建造房屋的技术自从罗马帝国灭亡后就失传了。18 世纪中叶，英国工程师约翰·斯密顿（John Smeaton，1724—1792）在建造埃迪斯通灯塔（Eddystone Lighthouse）基座的时候重拾这项古老技术。混凝土的良好抗压强度早已为人所知，但如何提高它的抗拉性能以使其具有更广阔的应用前景，却是一个前人未能解决的问题。1849 年，法国园艺师约瑟夫·莫尼尔（Joseph Monier，1823—

埃迪斯通灯塔（J. Lymn 绘于 19 世纪初）

1906）首次尝试将钢丝网加入用混凝土制作的花盆中，取得良好的力学效果。1853 年，法国实业家弗朗索瓦·科尼特（François Coignet，1814—1888）出于为自己经营的水泥厂做宣传的目的，率先尝试用钢筋混凝土（Reinforced Concrete）建造一座四层楼房。在他看来，钢筋能够起到防止墙壁倒塌的作用。1873 年，美国工程师威廉·E·沃德（William E. Ward，1821—1901）在为自己建造钢筋混凝土住宅的时候，首次将钢筋放在梁的中和轴以下，以充分发挥钢筋的抗拉性能。1892 年，法国工程师弗朗索瓦·亨内比克（François Hennebique，1842—1921）成功解决了钢筋混凝土梁柱的整体连接问题。至此，又一种崭新的建筑技术发展成熟。

由科尼特建造的世界上第一座钢筋混凝土建筑，位于巴黎北郊（摄影：E. Bajart）

沃德之家（摄影：D. Case）

11-2 奥古斯特·佩雷

法国建筑师奥古斯特·佩雷（Auguste Perret，1874—1954）是钢筋混凝土领域研究与推广的先驱者之一，为现代主义的诞生发挥了有力的推动作用。日后大名鼎鼎的勒·柯布西耶曾经在他的事务所学习，并由此迈出建筑生涯的关键一步。

本杰明·富兰克林大街 25 号公寓大楼（摄影：A. Buschmann）

对于建筑结构与建筑美学的关系，佩雷认为，结构是建筑师的语言，但建筑却远远不仅是结构。建筑需要的是和谐、比例和尺度。结构之于建筑正如骨骼之于动物一样。[12]285 1903 年建造的巴黎本杰明·富兰克林大街 25 号公寓大楼是佩雷的代表作。这座钢筋混凝土建筑表现出了与传统砖石建筑许多截然不同的特点，毫无疑问是一件同其所采用的新技术和所处的新时代相映衬的新建筑，而框架间混凝土壁板表面的精致饰纹则打上了新艺术风格的烙印。

11-3 钢筋混凝土大桥

夏泽莱桥现状

第一座用钢筋混凝土建造的桥梁是由钢筋混凝土的发明人约瑟夫·莫尼尔 1875 年为一位伯爵所拥有的夏泽莱城堡（Château de Chazelet）修建的步行桥，跨度 13.8 米。

1899年由弗朗索瓦·亨内比克设计建造的法国沙泰勒罗（Châtellerault）的卡米尔－德－霍格斯大桥（Pont Camille-de-Hogues）是第一座真正意义上的钢筋混凝土拱桥，全长140米，三拱跨度分别为40米、50米、40米，其造价比采用钢铁结构的设计方案便宜15%。亨内比克认为：“工程师必须要从传统材料所表现的传统结构形式中解放出来，充分利用新材料，然后我们就可以得到像汽车和飞机一样美丽的、同样是由材料性质所决定的新结构形式。”[20]73

近处为卡米尔-德-霍格斯大桥，远处为17世纪初建成的亨利四世大桥（摄影：P. Mairé）

1912年建造的法国布特龙大桥（Pont Boutiron）是最早建造的钢筋混凝土桁架拱桥之一，三拱跨度分别为67米、72米、67米。它的设计者是法国钢筋混凝土时代的结构大师尤金·弗雷西内（Eugene Freyssinet，1879—1962）。在这座桥梁的建造过程中，弗雷西内注意到混凝土浇筑时会产生收缩和蠕变现象。为防止拱顶由此原因下沉，他在三铰拱铰接处放置了千斤顶。在这之后，弗雷西内经过不断思考和研究，最终发明了预应力混凝土技术。

布特龙大桥

瑞士工程师罗伯特·马亚尔（Robert Maillart，1872—1940）是钢筋混凝土时代杰出的结构大师。他较早认识到可以使拱桥的拱圈与桥面板共同受力，成为梁拱组合式桥梁结构的先驱者。他用这种结构在1905年建造了瑞士塔瓦纳萨大桥（Tavanasa Bridge）。这座大桥跨度51米，造型简洁生动，将结构设计升华到艺术的高度。

塔瓦纳萨大桥，1927年遭遇山体滑坡而被摧毁

萨尔基那山谷桥（摄影：X. Y. Ying）

1930年，马亚尔设计建造了瑞士萨尔基那山谷桥（Salginatobel Bridge）。钢筋混凝土三铰拱跨度90米，如同白色闪电划过深山峡谷。20世纪末，国际桥梁专家以其艺术和技术的完美结合，投票评选它为20世纪世界最美桥梁第1名。

很显然，一个全新的时代已经到来。

第三部 现代主义运动

第十二章 德意志制造联盟

“无论如何，出自工程师的一切产品都有着自己的纯净风格。”

12-1 现代主义

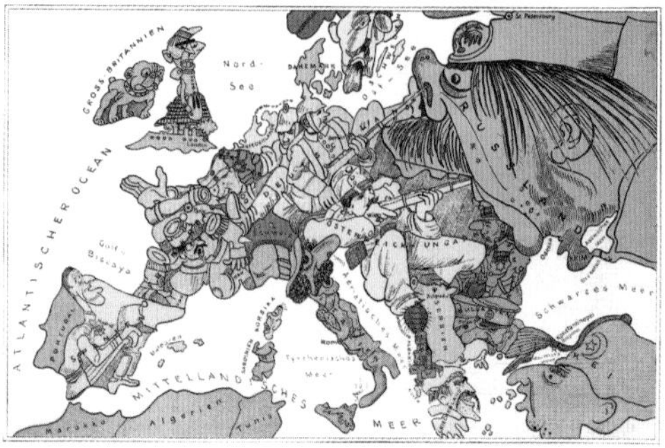

1914年的欧洲（W. Trier 绘于1914年）

探索新建筑的道路，在第一次世界大战对欧洲各国造成历史上空前惨烈的破坏之后，突然有了一个明确的方向。这场为期4年并且主要发生在欧洲最发达地区的战争，不仅造成人员和财产的重大损失，还极大地动摇了人们对支撑这场战争的传统观念和传统价值体系的信任，其中也包括对仍然是建筑领域主角的，以折中主义为代表的历史主义建筑的信任。忽然之间，这样一种在不久之前还被当成是维持社会稳定力量的、强调建筑之间相互照应、尊卑有序的建筑形式，现在却被许多人当作是阶级压迫和社会不公的象征。在这样的时代大背景下，同时也是在战后重建的迫切压力下，在以格罗皮乌斯、密斯和勒·柯布西耶为代表的新一代具有革新思想的青年建筑家的努力和推动下，以崇尚功能第一、反对一切历史样式和尊卑体系为主要特征的现代主义（Modernism）建筑思想在 20 世纪二三十年代脱颖而出，成为时代瞩目的中心。

12-2 赫尔曼·穆特修斯与德意志制造联盟

走在这场现代主义运动最前列的是德国。作为 1871 年才获得统一的新兴工业化强国，德国在开拓殖民地以获取廉价劳动力和占领国外市场这些方面完全不能与欧洲的老牌强国英国和法国相比。摆在德国面前的只有一条路，那就是千方百计提高产品质量，走以质取胜之路。

最先认识到这一点的是德国驻英国大使馆文化专员赫尔曼·穆特修斯（Hermann Muthesius，1861—1927）。在驻英国的六年间，穆特修斯仔细考察了英国工艺美术运动，对其所体现出的反传统精神深表认同，但并不赞成他们对工业化和机器生产的排斥。穆特修斯认为，企图借助复兴手工艺来实现产品质量提升这条路是走不通的。在他看来，工业化已经成为时代的象征，人们终将“习惯于欣赏所谓的‘机器美’”[12]277，艺术家必须跟上时代的发展，而不是开倒车。在穆特修斯的推动下，1907 年 10 月，亨利·范·德·费尔德、约瑟夫·霍夫曼和彼得·贝伦斯等 12 位艺术家与 12 家企业在慕尼黑联合组建德意志制造联盟（Deutscher Werkbund），旨在“通过教育、宣传以及对相应问题的统一解答，将手工艺人的作品提升为艺术、工艺与工业的结合。”[12]276

穆特修斯（N. Perscheid 摄于 1913 年）

德意志制造联盟标志

12-3 彼得·贝伦斯与 AEG 公司

贝伦斯

彼得·贝伦斯（Peter Behrens，1868—1940）是德意志制造联盟的 12 位艺术家创始人之一，是该联盟早期最重要和最有影响的成员。贝伦斯早年投身新艺术运动，是德国新艺术组织青年风格派（Jugendstil）的重要成员。1907 年，他接受德国通用电气公司（AEG）的邀请担任公司设计顾问，从此将自己的艺术才华与德意志民族工业振兴紧紧联系在一起。他为 AEG 公司设计了统一的企业形象以及一系列造型简洁、功能优良、具有现代工业化特点的家用电器产品，开创了现代工业设计（Industrial Design）的先河。

贝伦斯设计的电水壶（1909年）

贝伦斯还为AEG公司设计了多座工业厂房。作为一个知名艺术家为工业厂房作设计，这在当时实属罕见。其中最有影响的是 1908—1909 年设计的涡轮机厂房（AEG Turbine Factory）。这座厂房采用钢桁架三铰拱结构，拱架的末端清晰地暴露在外观上，使人们对这种工业时代特有的

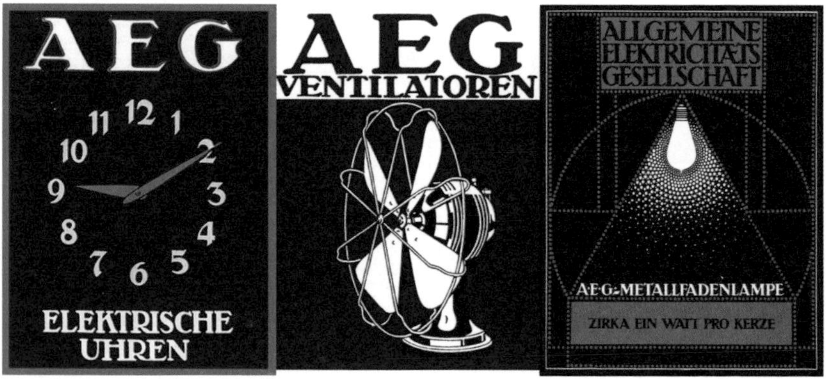

贝伦斯设计的时钟、电扇和灯泡

右图为三角拱架末端，左图为 AEG 公司涡轮机厂房外观

结构形式印象深刻。不过，贝伦斯还是未能完全摆脱传统思想的束缚，外表刻意强调的山墙和神庙式的齐整柱列都具有新古典主义意味。

1908—1912 年，格罗皮乌斯、密斯和勒·柯布西耶先后在贝伦斯事务所学习工作。他们将从这里出发，携手开创现代主义建筑新时代。

12-4 瓦尔特·格罗皮乌斯与阿尔费尔德的法古斯工厂

作为德意志制造联盟的青年艺术家，瓦尔特·格罗皮乌斯（Walter Gropius，1883—1969）首次崭露头角是在 1911 年。这一年，他与曾经一同在贝伦斯事务所共事的阿道夫·迈耶（Adolf Meyer，1881—1929）合作设计了位于阿尔费尔德（Alfeld）的法古斯工厂（Fagus Factory）的建筑立面。该建筑原本是由爱德华·沃纳（Eduard Werner，1847—1923）负责设计。格罗皮乌斯和迈耶都曾经作为助手参与过 AEG 涡轮机厂房设计工作，他们并不满意贝伦斯在立面设计上的保守做法，于是就在这座厂房放手进行

格罗皮乌斯（L. Held 摄于 1919 年）

法古斯工厂东北侧外观（摄影：H. P. Szyszka）

法古斯工厂东南角外观（摄影：S. Rovang）

全新的设计尝试。首先，这座建筑的主要入口呈现非对称的几何体块组合。从这时起，没有传统意义上庄重的正立面将成为现代建筑的一个主要特色，可以把它看成是现代主义者打破传统尊卑体系的一种表现。其次，在建筑转角楼梯处，格罗皮乌斯和迈耶创造性地利用钢筋混凝土结构优良的悬挑性能设计了一个没有角柱的转角空间，大面积玻璃窗直接从一个立面转向另一个立面。而与之相比，贝伦斯则是用传统的厚实墙体将其包裹起来。第三，立面上的玻璃窗并不是退缩在柱子之内，而是突出于柱子之外，仿佛是从外面罩在结构柱上的一层薄膜。玻璃从此不再仅仅是建筑的功能性附属物，而是取代传统柱式，成为建筑外观设计最主要的表现形式。这些极具进步意义的大胆做法，连同在其他细节上的精致处理，一扫传统观念对工业厂房的偏见，树立了现代主义的美学典范。

12-5 德意志制造联盟科隆展览会示范工厂

1914 年 5 月，德意志制造联盟在位于科隆市莱茵河东岸的莱茵公园举办了第一次展览会。展览会共建有 50 多座展示建筑，其中的示范工厂由格罗皮乌斯和迈耶合作设计。在转角处向外突出的楼梯间设计中，他们再次向世界展示了现代结构条件下玻璃幕墙的独特美学价值和表现形式。

就在这次展览会举办期间，德意志制造联盟内部以穆特修斯为代表的一方同以费尔德为代表的另一方围绕设计上的类型化（Typisierung）原则发生了激烈的论战。费尔德坚持艺术家在建筑和工业设计中的个性化表现，反对任何强加于艺术家的标准和准则。这种思想归根结底仍然是落后的手工艺生产模式，与时代的大趋势背道而驰。而穆特修斯则清醒地看到，只有凭借类型化和标准化，艺术家才能跟上时代发展的步伐，并进而创造出能够真正被普通民众所接受的全新的艺术风格和趣味。

这次展览会原计划要持续到 10 月份，但因 8 月 3 日德国入侵比利时引发第一次世界大战，展览会被迫提前结束。然而现代主义的种子已经被深深埋下，将在战后破土而出。

1914 年德意志制造联盟科隆展览会示范工厂

第十三章 包豪斯

“艺术与技术——新的统一。”

13-1 格罗皮乌斯创办包豪斯

现代主义运动历史上最重要的一个事件就是1919年格罗皮乌斯创建包豪斯学校（Bauhaus，简称“包豪斯”）。这所20世纪最著名的设计学校的前身是费尔德于1906年创建的魏玛萨克森大公工艺美术学校。第一次世界大战使德国与费尔德的祖国比利时成为交战国，因而他只能于1915年辞去校长一职。他为学校推荐了新的校长人选，朝气蓬勃的格罗皮乌斯是其中之一。

格罗皮乌斯曾经在1914年的科隆论战中支持费尔德的立场。他也十分推崇手工技艺，渴望能够像中世纪那样重新实现艺术与手工艺的完美结合。几经波折，面临战后重建压力的魏玛当局终于在1919年批准了看起来可以为德国工业复兴效力的格罗皮乌斯为新一任校长。这时的萨克森大公工艺美术学校已经与萨克森大公美术学校（Grand Ducal Saxon College of

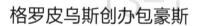

Fine Arts）合并。格罗皮乌斯将新学校命名为“魏玛州立包豪斯”（Staatliches Bauhaus in Weimar）。“包豪斯”（Bauhaus）这个单词是格罗皮乌斯自己创造的新名词，前半部分取自德语建筑“Bauen”，与中世纪建筑工匠行会组织“Bauhutte”一词十分接近，表现了格罗皮乌斯最初的办学动机。

《包豪斯宣言》封面，插图由费宁格绘制，三颗星和哥特大教堂分别象征建筑家、雕塑家、画家以及由他们共同努力构筑的大建筑艺术

1919 年 4 月，格罗皮乌斯发布《包豪斯宣言》：“一切造型艺术的最终目的是完整的建筑！美化建筑曾是造型艺术至高无上的课题，造型艺术也曾是大建筑艺术不可分割的组成部分。今天的造型艺术存在着彼此分离、相互孤立的状态，只有通过所有工艺家有意识地共同努力，才能将它们拯救出来。建筑家、画家、雕塑家必须重新认识和掌握整体与局部等多方面的建筑因素，只有这样，才能使他们的作品再次充满已经丧失在沙龙艺术中的建筑精神。旧的美术学校要产生这种统一是不可能的，因为它们连所谓的艺术都不能传授。学校必须重新成为车间。仅由图案家和工艺家描绘和敷彩的世界，最终应该再次成为建筑起来的世界。由衷地热爱造型艺术的青年如果能像过去那样从学习手工艺开始自己的道路，那么将来非生产的‘艺术家’也就不会指责他们缺乏技艺了，因为他所掌握的手工艺给了他发挥才能的机会。建筑家、雕塑家、画家，我们都必须回到手工艺！所谓纯粹艺术是不存在的。艺术家与手工艺家没有本质的区别，艺术家应该是高超的手工艺家。虽然天赋的灵感在超越意志的辉煌瞬间里，通过艺术家不自觉的手工技艺能使艺术绽开花朵，但是熟练的工艺技术将是一切艺术家必不可少的基础，那才是孕育创造的根本源泉。让我们创立一个新型的手工艺家组织，清除等级观念在手工艺家和艺术家之间所造成的妄自尊大的障碍。让我们共同希求、设想、创造一幢集建筑、雕塑、绘画三位一体的未来的新大厦，作为未来新信仰的纯洁象征，它将通过千百万手工艺家之手升入天际！”[32]3

魏玛包豪斯车间（摄于 1923 年）

在创办之初的包豪斯，教师被称为“师傅”，学生被称为“学徒”或“熟练工”，教学单位则被称为“车间”：陶瓷车间、印刷车间、编织车间、装订车间、石雕车间、木雕车间、玻璃画车间、壁画车间、家具车间、金属车间以及舞台车间。或许是因为格罗皮乌斯是当时学校唯一一位建筑家而又没有时间授课，所以在宣言中被着重强调的建筑车间开始时竟然没有设立。

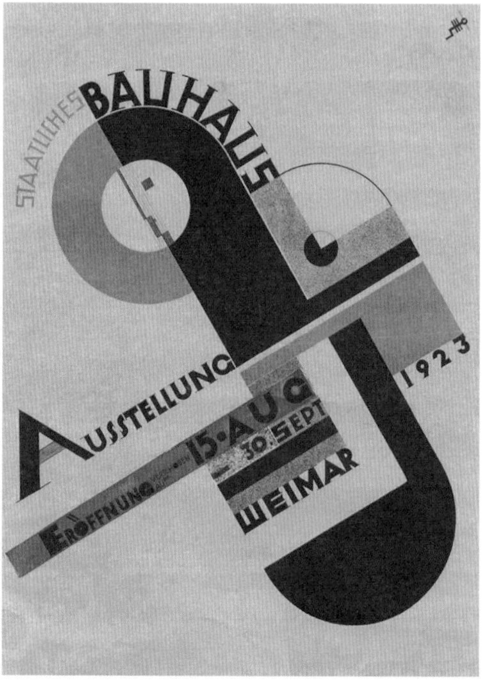

由施密特创作的 1923 年包豪斯展览海报

如果包豪斯仅仅停留在这样一种以手工艺为中心的认识阶段，那么它将与其他类似的学校包括它的前身萨克森大公工艺美术学校没有什么本质的不同，也不可能在历史上扮演重要的角色。1922 年，在外界其他进步思想影响下，特别是在荷兰风格派艺术家西奥·范·杜斯堡（Theo van Doesburg，1883—1931）的影响下[㊀]，格罗皮乌斯的办学观念发生变化，从原先强调实现艺术

㊀ 格罗皮乌斯拒绝邀请杜斯堡在包豪斯任教，于是杜斯堡就在包豪斯校外自己办班授课，反对包豪斯的手工化倾向，提倡机器与空间抽象的新造型理念。

与手工艺结合转向强调实现艺术与技术结合，特别是与现代工业技术结合。他仍然重视手工艺教学实践，但他认为手工艺教学只是为批量生产而做的设计准备，手工艺教学并不排斥机器，对立仅存在于劳动分化之中。他要求包豪斯的学徒要从最简单的工具和最不复杂的任务开始，“逐步掌握更为复杂的问题，并学会用机器生产，同时要自始至终地与整个生产过程保持联系。”[25]134 格罗皮乌斯认识到，让这样具有创造能力的人“充分自由地利用机械工厂，便能够创造出不同于手工生产的崭新形象。”[32]62 正是这样一种全新的认识决定了包豪斯有别于当时其他艺术学院的办学理念，使包豪斯脱胎换骨，率先迈进新时代。

在这样一种先进办学理念的指导下，在荟萃了大批具有先进思想的艺术家教师队伍的共同努力下，包豪斯成为宣扬现代主义建筑和工业设计思想的桥头堡，在现代设计教学领域进行了卓有成效的开创性研究，培养了一批具有现代主义思想的优秀人才，并通过他们将现代主义设计观和教育体系传播向全世界。

1926 年包豪斯教授于德绍包豪斯校舍楼顶合影。左起分别为约瑟夫·阿尔伯斯、欣纳克·舍佩尔、乔治·穆赫（Georg Muche，1895—1987，1920 年成为包豪斯最年轻的教授）、拉兹洛·莫霍利 - 纳吉、赫伯特·拜耶、约斯特·施密特、格罗皮乌斯、马塞尔·布鲁尔、瓦西里·康定斯基、保罗·克利、莱昂内尔·费宁格（Lyonel Feininger，1871—1956，印刷车间教授）、冈塔·斯托尔兹和奥斯卡·施莱默（Oskar Schlemmer，1888—1943，雕塑车间教授）

13-2 约翰内斯 · 伊顿

伊顿（P. Stockmar 摄于 1920 年）

瑞士表现主义画家约翰内斯 · 伊顿（Johannes Itten，1888—1967）没有出现在前页的合影照片里，他由于在教学中推崇神秘主义而于 1923 年被迫离开包豪斯，而在这之前，他曾是包豪斯的灵魂人物。早在受聘包豪斯之前，伊顿就已经在维也纳开办私立学校从事美术教学。他特别强调造型基础教育对于设计学习的必要性。在得到格罗皮乌斯邀请后，他成为包豪斯预备课程的负责人，是现代设计基础课程教学的首创者。

日本作家利光功（1934—）在《包豪斯——现代工业设计运动的摇篮》一书中这样写道："伊顿在实际进行的造型教育中以普遍性的对立理论为基础，在材料、肌理、形态、色彩和节奏等方面，全都依据对比的观点加以论述和进行训练。发现形形色色的对比（如大小、长短、薄厚、多少、曲直、高低、平面与体量、光滑与粗糙、坚硬与柔软、动静、轻重、强弱等）之可能性，成为授课的一个基本内容。特别是对材料和肌理的研究占据了预备教育的中心。他先让学生们列举出纸张、木材、玻璃、皮毛、石头、金属等各种造型材料，体验材料的物理性质以及视觉与触觉效果，然后发挥自由驰骋的想象力，运用那些材料进行构成研究，以唤起和调动学生潜在的造型能力，同时指导每个学生了解最适合自己造型能力的材料。在培养对某种特定材料的感性认识的同时，更加出色地把握这种材料的特性和与其他材料的对比。"[32]39 这种教育是包豪斯最有价值的创造之一，从此成为全世界设计基础教育的核心内容。

伊顿还是一位卓有建树的色彩理论大师，所著《色彩艺术》一书迄今仍是色彩艺术领域最重要和最权威的论著之一，正如他自己在序言中所说的，是为所有关心色彩艺术问题的人提供的一辆便捷的“马车”。[33]

《郁金香》（伊顿作于1915年）

离开包豪斯后，伊顿继续从事美术教育，先后在德国柏林和瑞士苏黎世的学校任教。

13-3 瓦西里·康定斯基

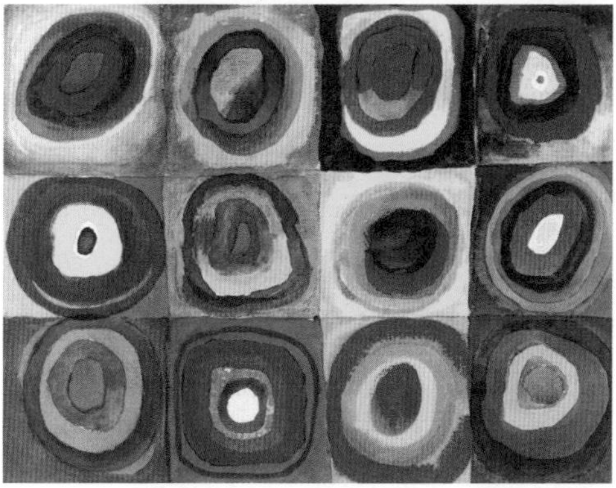

康定斯基作于1913年的《正方与同心圆》是最早的纯抽象绘画之一

瓦西里·康定斯基（Wassily Kandinsky，1866—1944）是俄罗斯表现主义画家，1921年被聘为壁画车间教授，是当时包豪斯最年长的教师。从那时起，不论经历怎样的风雨，他作为中流砥柱始终与包豪斯共进退，深受学生爱戴。康定斯基也是包豪斯现代设计基础课程的创造者之一，主要进行色彩和基本形式的研究与教学。他所写的《论艺术的精神》和《点·线·面》两本书至今仍是抽象艺术和设计基础领域最重要的理论专著。他提倡要拥有“令人厌烦的、学究式的”艺术钻研精神，不放过“任何在物质材料上、在性质上或在每一单个元素的作用上最细微的改变。”[34] 如果说有什么是能够迅速通向大师的“捷径”的话，那就是这种钻研精神了。

13-4 保罗·克利

《森林女巫》（克利作于1937年）

保罗·克利（Paul Klee，1879—1940）是瑞士表现主义画家，1920年成为包豪斯彩色玻璃车间教授。作为现代设计基础课程的创造者之一，他主要教授形式法则，引导学生寻找学习自然的途径。一位学生回忆说："克利在他的课上既不教我们如何画也不教我们如何使用色彩，而是告诉我们什么是线条，什么是点。有些线条给人的感觉是命不久矣，应该马上送去医院；另一些线条看上去则吃得太多了。如果一条线站得笔直，那它就是健康的；如果它成一定角度，那表示它得病了；如果它是平躺的，人们便会觉得这是它最喜欢做的。"[35]在克利看来，"同自然对话"是艺术创作的必由之路。

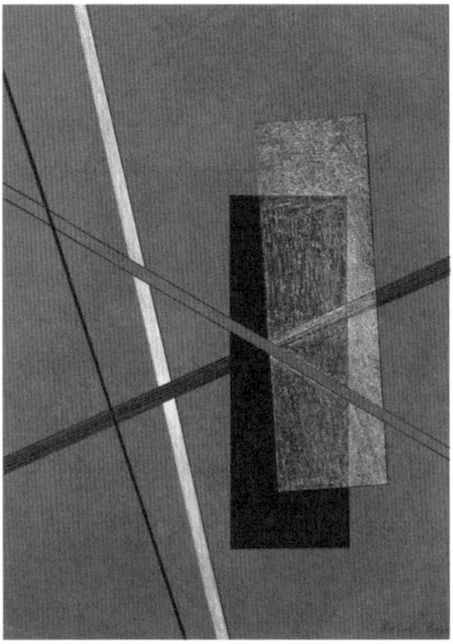

《施工》（莫霍利-纳吉作于1923年）

13-5 拉兹洛·莫霍利-纳吉

拉兹洛·莫霍利-纳吉（László Moholy-Nagy，1895—1946）是匈牙利构成主义艺术家，1923年成为包豪斯金属车间教授，也是现代设计基础课程的主要创造者之一。他的基础课程侧重于不对称空间和重量的均衡感受。在他的指导下，金属车间从传统的手工作坊转变为现代工业设计基地，学生们首先在灯具设计上取得突破，真正实现了艺术与工业化生产相结合的理想。

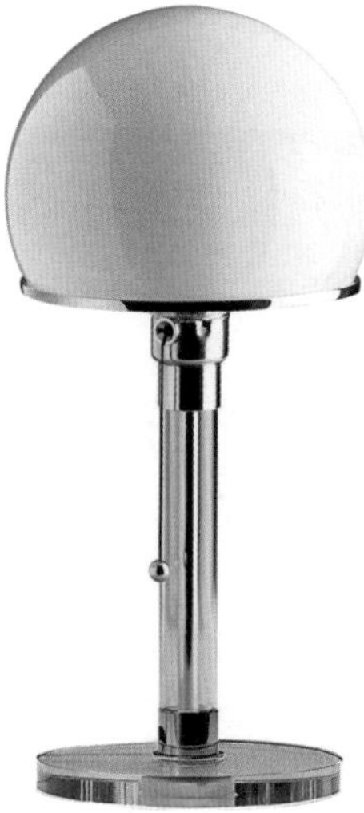

由包豪斯学生 C. J. Jucker 和 W. Wagenfeld 1924 年设计的台灯

13-6 阿尔伯斯、布鲁尔、斯托尔兹、拜耶、舍佩尔和施密特

1925 年，包豪斯教师队伍增加了一股生机勃勃的力量。6 位包豪斯毕业生约瑟夫·阿尔伯斯（Josef Albers，1888—1976）、马塞尔·布鲁尔（Marcel Breuer，1902—1981）、冈塔·斯托尔兹（Gunta Stölzl，1897—1983）、赫伯特·拜耶（Herbert Bayer，1900—1985）、欣纳克·舍佩尔（Hinnerk Scheper，1897—1957）和约斯特·施密特（Joost Schmidt，1893—1948）留校任教。他们被迅速提拔到各个车间的负责岗位：阿尔伯斯负责基础课程，布鲁尔负责家具车间，斯托尔兹负责编制车间，拜耶负责印刷车间，舍佩尔负责壁画车间，施密特负责雕塑车间。在创办之初，由于艺术家与工艺技术的普遍脱节，包豪斯不得不为每个车间配备两位师傅：一位是造型师傅，由艺术家担任；一位是手工师傅，由熟练工匠担任。现在，包豪斯终于拥有了一支既有艺术才华又熟悉工艺技术的新型教师队伍。

布鲁尔 1925 年设计的世界上第一张钢管椅，以康定斯基的名字命名为瓦西里椅

13-7 德绍包豪斯

德绍包豪斯校舍鸟瞰图（摄影：M_H.DE）

德绍包豪斯教学车间（摄影：K. Jochen）

德绍包豪斯学生宿舍（摄影：K. Jochen）

1924 年，魏玛落入右翼政党手中，他们决定不再支持在他们看来是离经叛道的包豪斯。包豪斯被迫于 1925 年 3 月关闭㊀，迁往仍由自由派政党掌权的德绍市（Dessau）。在德绍市政府的大力支持下，格罗皮乌斯为包豪斯设计了新校舍，于 1926 年 12 月落成使用。

新教学大楼的设计体现了现代主义功能第一的基本原则，完全摒弃历史主义的一切手法，也不存在传统意义上的正立面。它的平面依照功能进行分区，呈现不规则的风车状，教学车间、学生宿舍和独立的德绍职业学校分别位于风车的三翼，它们之间通过办公楼和食堂加以连接。在立面处理上，格罗皮乌斯针对不同部分的使用功能和特点，采用虚实不一的灵活方式进行设计：教

㊀ 原校址改为魏玛州立建筑学院（Staatliche Bauhochschule），由奥托·巴特宁（Otto Bartning，1883—1959）任校长。几经演变，1996 年，该校更名为包豪斯大学（Bauhaus University）。

学车间采用悬挑结构，大面积铁框玻璃幕墙将内部结构完全隐藏起来；职业学校和办公楼采用横向长窗；宿舍楼则采用大方窗。通过巧妙组织，构成井然有序又变化不一的生动画面。

德绍包豪斯编织车间（摄于 1927 年）

校舍的内部装修几乎完全由各个车间师生协作完成：壁画车间主要承担墙面色彩设计，金属车间制作照明灯具，而大批钢管家具则由布鲁尔负责设计。

德绍包豪斯校舍内景（摄影：A. Dülks）

格罗皮乌斯还在离校舍不远的地方设计了四栋教授住宅，其中一栋由他自己使用，另外三栋各由两位教授合住。这些住宅造型简洁，突出实用目的，都是典型的现代主义风格建筑。

康定斯基和克利住宅（摄影：H. Schmidt）

13–8 德绍的图登住宅小区

1926—1928 年间，应德绍市政府的委托，格罗皮乌斯带领包豪斯师生在德绍市郊图登（Törten）设计建设了一个由 314 栋房屋组成的工人住宅小区。为了实现建设“人民的”住宅这个目标，格罗皮乌斯采用了工

图登住宅小区旧照

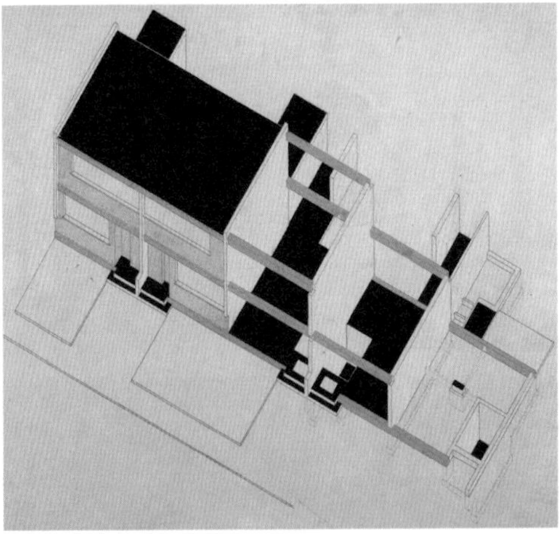
图登住宅轴测图

业时代的先进手段，除了承重墙是采用矿渣砌块现场砌筑外，其余钢筋混凝土楼板、过梁和前后墙体均为标准化的预制构件，利用起重机进行现场组装，房屋的进深由起重机的吊臂长度决定。这种机械化、标准化的设计和施工方式可以大大降低房屋造价，以适应工人阶级低收入的基本状况。每栋建筑的面积为 57~75 平方米，在其后方还有 350~400 平方米的花园。按照格罗皮乌斯的设想，每户人家都可以在自家的花园里种植蔬菜、养鸡养鸭实现自给自足。

13-9 包豪斯关闭

德绍校舍落成后，包豪斯的发展进入一帆风顺的新阶段。然而不久后的 1928 年 2 月，格罗皮乌斯却突然提出了辞呈。对于他的辞职有许多种解释，比较可能的是他对自己正日复一日陷于筹集学校运转经费以及与保守势力斗争这样的“非专业”事务深感厌倦，渴望能在自己真正熟悉的设计领域大展身手。不论如何，他的辞职都是对包豪斯的重大打击，特别是包括莫霍利 - 纳吉、布鲁尔和拜耶在内好几位有能力有影响的骨干教师也都跟他一起离开了包豪斯。

由格罗皮乌斯举荐的新任包豪斯校长是瑞士建筑家汉内斯·迈耶（Hannes Meyer，1889—1954）。他于1927年应邀加入包豪斯担任新设立的建筑系负责人。迈耶是个具有丰富经验并持现代主义观点的建筑家，他上任之后将建筑教育提升到了前所未有的高度。这本来就是包豪斯创建时的目标，但由于时机不成熟，所以在格罗皮乌斯时代并没有予以强调。在迈耶的努力下，包豪斯开始从经验主义的师徒传授模式转变为以科学态度支配的现代大学模式。但在这个过程中，迈耶与许多方面的矛盾都激化了。作为建筑师，迈耶是个纯粹的功能主义者。他在教学中过于强调技术要素而排斥建筑的美学性质，因而与其他具有艺术家背景的教师在理念上发生了较大冲突。特别是迈耶还是一名左派人士，在德国右翼势力日趋占据上风的时代背景下，他的存在有使包豪斯卷入复杂的政治旋涡的危险。在这样的情况下，1930年8月，迈耶被免去了校长职务。[㊀]一直在幕后关心包豪斯一举一动的格罗皮乌斯推荐不问政治的现代主义建筑家路德维希·密斯·凡·德·罗（Ludwig Mies van der Rohe，1886—1969）出任包豪斯第三任校长。

迈耶（摄于1930年）

德绍包豪斯学生

1928年迈耶领导包豪斯师生完成的德国工会联合会学校宿舍楼（摄影：Dabbelju）

㊀ 迈耶随后带领一批包豪斯学生前往苏联，以后又一度移居墨西哥，最终于1949年回到瑞士。

密斯（中）在包豪斯上课（P. Pahl 摄于 1931 年）

作为风头正劲的大建筑家，密斯对包豪斯进行改革，将家具、金属和壁画车间合并为新设立的室内设计专业，隶属于建筑系之下，由新聘教师莉莉·赖希（Lilly Reich，1885—1947）负责。虽然密斯对建筑形式美的认识要大于迈耶，但是创办初期的艺术家队伍中只有康定斯基坚持留了下来。

赖希（中）在包豪斯上课（摄于 1932 年）

包豪斯的最后岁月不久就到来了。1931 年，纳粹党人控制了德绍政府。由于包豪斯中拥有众多外国师生，因而被纳粹党指责为犹太人的巢穴，包豪斯所宣扬的现代主义精神也被纳粹党视为犹太主义和布尔什维克主义加以否定。1932 年 9 月，德绍包豪斯在纳粹的棍棒下被迫关闭。密斯将学校迁往首都柏林一座废弃的电话工厂，以私立学校的名义试图挣扎生存。1933 年 1 月，希特勒成为德国总理，包豪斯的最后一线生机断绝了。1933 年 8 月，密斯正式宣布包豪斯解散。

包豪斯学生创作的拼贴画《纳粹关闭包豪斯》

包豪斯解散对于德国和欧洲现代主义发展来说是一个重大挫折。纳粹上台之后全面推行可以令人联想到帝国意志和荣耀的新古典主义，现代主义思想先是在德国，而后随着纳粹侵略扩张，继而在全欧洲被中止了。但是对于欧洲以外的世界来说，特别是置身战火之外的美国，包豪斯的解散反而加速了现代主义的传播。格罗皮乌斯、密斯、莫霍利 - 纳吉、布鲁尔、拜耶和阿尔伯斯等包豪斯的骨干成员先后前往美国：格罗皮乌斯和布鲁尔任教于哈佛大学设计研究生院建筑系（格罗皮乌斯任建筑系主任）⊖，培养出贝聿铭、菲利普·约翰逊、保罗·鲁道夫等一批现代建筑中坚力量；密斯担任伊利诺伊理工学院建筑系主任；莫霍利 - 纳吉在芝加哥创办“新包豪斯”学校，这所学校以后演变成为伊利诺伊理工学院设计学院；阿尔伯斯先在新创办的黑山学院（Black Mountain College，位于北卡罗来纳州）任教，而后于 1950 年转往耶鲁大学教授平面设计。他们将现代主义教育思想深深扎入这块土地，使美国迅速取代欧洲，从此走在世界建筑新潮流的最前端。

⊖　邀请格罗皮乌斯前来哈佛大学任教的哈佛大学设计研究生院首任院长约瑟夫·赫德纳特（Joseph Hudnut，1886—1968）是现代建筑的积极鼓吹者。在他于 1936 年担任这一职务之后，就将历史书从学院图书馆中全部清除，随后建筑历史课也从哈佛大学建筑专业以及美国许多院校建筑专业消失。——H. F. 马尔格雷夫：《现代建筑：理论的历史，1673—1968》。

第十四章 密斯的早期建筑生涯

“要赋予建筑以形式，只能是赋予今天的形式，而不应是昨天的。”

14-1 柏林玻璃摩天楼设计方案

密斯（W. Römer 摄于 1930 年）

密斯没有受过正规的大学建筑教育，他的建筑经验来自于在多个事务所先后打工的经历，特别是柏林的贝伦斯事务所，1908—1911 年，密斯在这里工作了三年时间。1912 年，密斯在荷兰海牙接受一项设计任务期间结识了荷兰建筑家亨德里克 · 佩特鲁斯 · 贝尔拉格（Hendrik Petrus Berlage，1856—1934）。贝尔拉格认为建筑要忠实于结构，“凡是构造不清晰之物均不应建造”[25]175。他的这个观点给密斯留下深刻印象，很大程度上影响了密斯的一生。第一次世界大战结束后，密斯加入现代建筑的探索中。他参加了激进的“十一月集团”（Novembergruppe）艺术组织，并在 1921—1925 年主办了四次代表进步艺术的展览会。在此期间，密斯虽然没有创作出有影响的实际项目，但所做的五个独特设计方案引起了世人关注，由此奠定了密斯在现代主义建筑领域的先驱地位。

1921 年，密斯参加柏林腓特烈大街一座高层办公楼的设计竞赛。他所提出的设计方案与大多数参赛者的传统设计截然不同，由三个直上直下的棱形塔楼通过作为交通空间的中心体相互衔接而成，表面全部被玻璃幕墙覆盖。在建筑立面使用玻璃幕墙并非密斯首创，但是将一座建筑，特别是高层建筑，从头到脚都用玻璃幕墙进行包装，这的确是想人之未曾想。密斯对玻璃进行仔细研究，发现玻璃幕墙建筑与普通材料建筑在表现形式上有很大的区别。他说：“我在用实际的玻璃模型试验过程中发现，重要的是反射光的表演，而不是一般建筑物中的光亮与阴暗面的交替。”[25]177 他为此特别将每个立面都分解为若干段，每段墙面各自形成一个角度以加强反射的变化效果，避免同角度大面积玻璃可能产生的单调感。

腓特烈大街摩天楼设计方案照片拼贴表现图

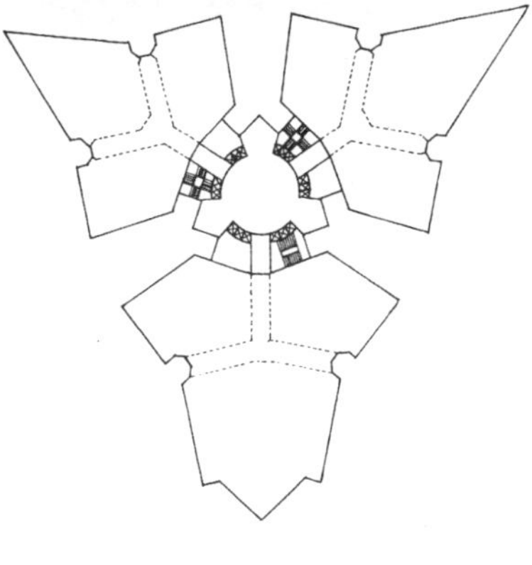

腓特烈大街摩天楼设计方案平面图

这个方案的各层平面完全相同，内部则空空如也，尽管这违背了各层平面应根据不同功能进行变化的竞赛任务书，但密斯仍坚持这样做，“以不变应万变”。在他看来，建筑师对美的追求应该是第一位的。这是密斯在贝伦斯事务所学习期间受新古典主义影响的结果，区别在于他所追求的是现代技术和材料条件下的全新的美，就像他自己说的：“要赋予建筑以形式，只能是赋予今天的形式，而不应是昨天的，只有这样的建筑才是有创造性的。”[36]

14-2 玻璃摩天楼二号设计方案

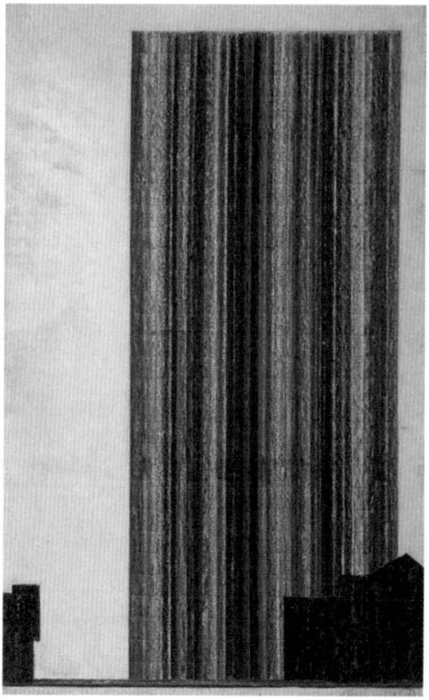
玻璃摩天楼二号设计方案立面表现图

1922年，密斯又做了一个新方案，进一步探讨玻璃幕墙建筑的表现力。这个被称为“玻璃摩天楼二号”（Glass Skyscraper II）的设计方案没有考虑任何业主、功能、地段和环境要求。它的平面也分为三部分，但外轮廓几乎全是曲线，只有一小段直线和一个直角。密斯解释说：“粗一看来，平面上的轮廓似乎是随便画出的。实际上，它是由三项因素确定的：室内的足够光线，街上看过来的建筑体量，以及反射光的表演。我通过玻璃模型证明了阴影计算对设计一幢全玻璃建筑是无济于事的。”[25]177

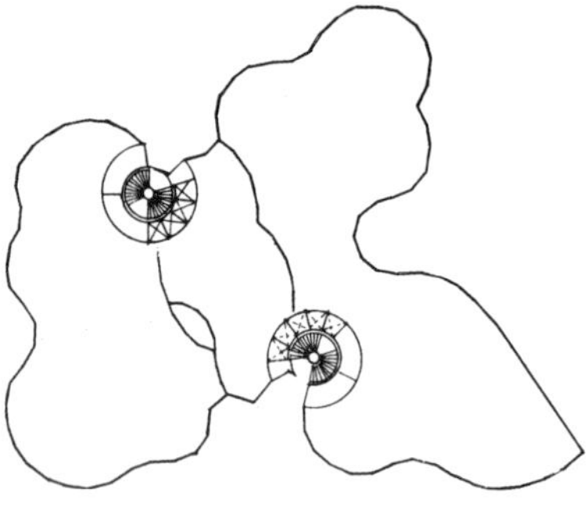
玻璃摩天楼二号设计方案平面图

密斯的这个方案参加了1922年的大柏林艺术展，受到了广泛关注。虽然它与第一个方案一样都只是停留在纸上，但却给后人留下遐想，在第二次世界大战结束后终于获得实现。

14-3 斯图加特的维森豪夫居住建筑展览会

1924 年密斯加入德意志制造联盟，1926 年成为联盟副主席，1927 年受命主办联盟第二次展览会——位于斯图加特郊区的维森豪夫居住建筑展览会（Weißenhofsiedlung）。17 名秉持现代主义建筑思想的欧洲建筑家应邀参加：来自德国的贝伦斯、格罗皮乌斯、密斯、路德维希·希尔伯塞默（Ludwig Hilberseimer，1885—1967）、汉斯·珀尔齐格（Hans Poelzig，1869—1936）、费迪南德·克莱默（Ferdinand Kramer，1898—1985）、汉斯·夏隆（Hans Scharoun，1893—1972）、阿道夫·雷丁（Adolf Rading，1888—1957）、布鲁诺·陶特（Bruno Taut，1880—1938）、马克斯·陶特（Max Taut，1884—1967）、阿道夫·古斯塔夫·施内克（Adolf Gustav Schneck，1883—1971）和理查德·德克（Richard Döcker，1894—1968）；来自法国/瑞士的勒·柯布西耶；来自荷兰的雅各布斯·乌德（Jacobus Oud，1890—1963）和马特·斯塔姆（Mart Stam，1899—1986）；来自比利时的维克多·布尔乔亚（Victor Bourgeois，1897—1962）；以及来自奥地利的约瑟夫·弗兰克（Josef Frank，1885—1967）。他们各自在所提供的基地上设计了一或两栋住宅，采用工业化的钢结构、钢筋混凝土结构、混合结构或预制装配结构建造，并且不约而同地采取了方盒子、平屋顶、白墙面、大开窗、无装饰等共同的现代主义设计手法。

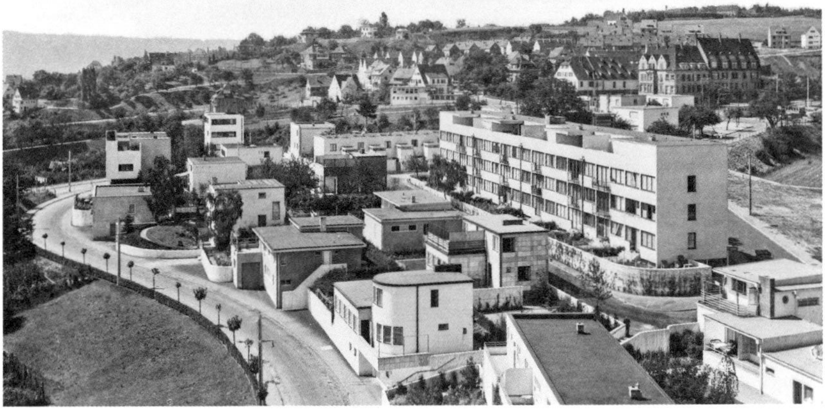

维森豪夫居住建筑展览会，右侧大型公寓楼由密斯设计（摄影：H. Boettcher）

几年后，美国人菲利普·约翰逊（Philip Johnson，1906—2005）和亨利-罗素·希区柯克（Henry-Russell Hitchcock，1903—1987）受纽约现代艺术博物馆（MoMA）委托访问欧洲的现代主义建筑，以美国式的观点将这些由不同国家建筑家共同努力创造出来的建筑总结为“国际风格”（International Style），并以书籍《国际风格：1922 年以来的建筑》和展览等形式向美国宣传，为欧洲现代主义思想传入美国——尽管是以一种“最时髦风格”的形式——起到了推动作用，同时也使“国际风格”一词不胫而走，从此成为现代主义的代名词。

14-4 巴塞罗那世界博览会德国馆

巴塞罗那馆外观（摄影：T. Tutin）

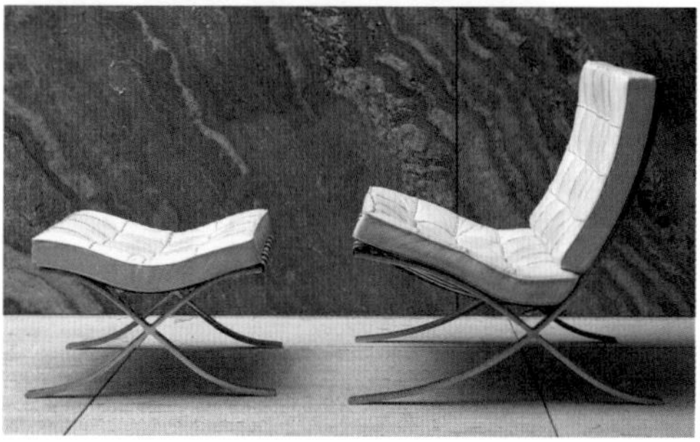

巴塞罗那馆内仅有的展品就是由密斯与赖希共同设计的巴塞罗那椅

1929 年，密斯受德国政府委托设计了在西班牙巴塞罗那举行的世界博览会德国馆，即后来举世闻名的“巴塞罗那馆”（Barcelona Pavilion）。这是一座没有任何明确用途的建筑，它所展示的就是现代建筑自由平面和自由空间的概念。这一概念早在密斯 1923 年所做的砖结构乡村别墅方案就已表现过，现在他得以有机会在这里以世博会展馆的形式向全世界展示。

这座建筑在博览会结束后就被拆除了。1986 年密斯 100 周年诞辰之际，人们在原址根据图纸和照片记录将其恢复原样以示永久纪念。

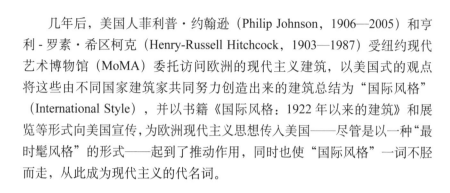

第十五章 勒·柯布西耶的早期建筑生涯

“为了拯救巴黎，必先亲手毁了它。”

15-1 《走向新建筑》

如果说格罗皮乌斯主要是在教育理念和人才培养方面对现代主义做出突出贡献，而密斯主要是致力于现代主义建筑美学的完善，那么勒·柯布西耶（Le Corbusier，1887—1965）则是系统地建立了现代主义的理论体系，对20世纪后半叶现代建筑和城市发展的影响之大是任何人都无法比拟的。

1923年格罗皮乌斯（左）与勒·柯布西耶在巴黎的一家咖啡馆交谈，远处为格罗皮乌斯妻子伊丝

勒·柯布西耶原名查尔斯–爱德华·让纳雷特（Charles-Édouard Jeanneret），出生在瑞士的一个钟表匠家庭。同密斯一样，他没有受过正

统的建筑教育，完全是在周游列国、接触各种新思想的过程中自学成才的。他的现代主义之路是从 1908—1910 年先后进入巴黎的佩雷事务所和柏林的贝伦斯事务所学习工作开始的。在佩雷那里，他掌握了钢筋混凝土的使用；在贝伦斯那里，他对现代机器生产留下深刻印象。他在两个事务所学习的时间都不长，但却奠定了他建筑生涯的基石。

1919 年勒·柯布西耶（右）在瑞士拉绍德封家中与哥哥阿尔伯特（中）和奥尚方（左）

勒·柯布西耶作于 1922 年

1917 年，让纳雷特又一次来到艺术之都巴黎。这一次，他结识了许多前卫艺术家，特别是通过佩雷的介绍结识了画家阿米迪·奥尚方（Amédée Ozenfant，1886—1966）。两位年轻人一拍即合，决心共同走出一条“新精神”之路。他们以立体主义（Cubism）为启发，自创纯粹主义（Purism）画派。以巴勃罗·毕加索（Pablo Picasso，1881—1973）为代表的立体主义画家认为，在 20 世纪这样一个急剧动荡的新时代，再要像文艺复兴时代那样慢条斯理地去表现世界已经没有可能。既然画家已经无法实在地将转瞬即逝无法捉摸的现实世界凝固在画面上，那“为什么不接受我们的实际目标是构成某物而不是描摹某物这一事实呢？”[7]574 让纳雷特和奥尚方的画作主要以生活日用品，如烟斗、汤匙和杯子等作为题材，摒弃所有复杂的细节，力求恢复到构成事物的最基本的几何结构。1920 年，他俩与诗人保罗·德米（Paul Dermée，1886—1951）合作编辑出版宣扬前卫艺术精神的杂志《新精

《走向新建筑》（1923 年出版）

神》。让纳雷特为自己取了一个笔名："勒·柯布西耶"（源自他母亲的家族），以此作为人生新阶段的开始。这份杂志后来一共出版了 28 期，持续了将近 6 年时间。在杂志第 4 期中，勒·柯布西耶和奥尚方合作发表了一篇论文《纯粹主义》，将纯粹主义从绘画延伸至所有造型表现领域，提倡以基本几何形体为主要表现手段的机器美学。这一美学观点在 1923 年勒·柯布西耶出版的《走向新建筑》（Vers une architecture，原名应为《走向建筑》，但在翻译成英文时被错译成 Towards a New Architecture，后即以此闻名）一书中得到全面阐述。

要打破旧有的社会传统，必须要能拿出一套全新的价值体系出来。在这方面，勒·柯布西耶走在所有建筑家的最前面。他通过大量论著构建了一整套"蛊惑人心"的说辞系统，成为粉碎传统旧秩序的现代主义战车强有力的导向仪，也为后继者树立了榜样。《走向新建筑》就是这套说辞系统的起点。在这本后来举世闻名的著作中，勒·柯布西耶以纯粹主义的观点断然宣称："建筑是一些装配起来的体块在光线下辉煌、正确和聪明的表演。我们的眼睛是造来观看光线下的各种形式的，光和阴影显示形式，立方、圆锥、球、圆柱和方锥是光线最善于显示的伟大的基本形式，它们的形象对我们来说是明确的、肯定的、毫不含糊的，因此，它们是美的形式，最美的形式。不论是小孩、野蛮人还是形而上学者，所有的人都同意这一点。这正是造型艺术的条件。"他热情讴歌远洋轮船、飞机、汽车这些现代工业的伟大成就，它们是美的，因为它们的造型反映它们的本质。飞机并不要造得像一只鸟或一只蜻蜓，它的关键是要有一个升力面和一个推进器；汽车也不要造得像慢吞吞的马车，它们都有它们的本质和适应这一本质的标准。就像"椅子是做来给人坐的""电灯提供光明""窗子的用处是透一点光、透许多光或完全不透光”以及“绘画是画出来给人欣赏的”这些浅显得不能再浅显的基本道理一样。遗憾的是许多人都忘记了这些基本道理和事物的本质。勒·柯布西耶大声指出“住宅是造起来住人的”，它需要充足的光线、新鲜的空气、干净的地板、合用的家具，它不需要关不严的路易 × × 式的窗子、抹着加纤维的灰浆以模仿石头的落满灰尘的墙面、100 公斤重塞满房间充斥苍蝇屎的大吊灯、铺着锦缎松松软软的安乐椅以及老虎窗坡屋顶。当技术已经进步到用型钢可以取代长着节疤的木梁、用薄得像一层膜的煤渣空心砖墙可以取代一米厚的石头墙，当现代装配技术只要几个月就能完成以前需要几年才能完成的房子，当还有那么多的低收入工人只能在梦中拥有一间属于自己的、整洁合用的卧室的时候，住宅还有什么理由非要昂贵得像个古董?

他说：住宅将是“一个工具，就像汽车是一个工具一样”。他说：住宅将是“居住的机器”。他说：必须树立“建造大批生产的住宅的精神面貌，住进大批生产的住宅的精神面貌，喜爱大批生产的住宅的精神面貌”。

他说：“不搞（新）建筑就要革命。”[37]19-221

15-2 “多米诺”住宅

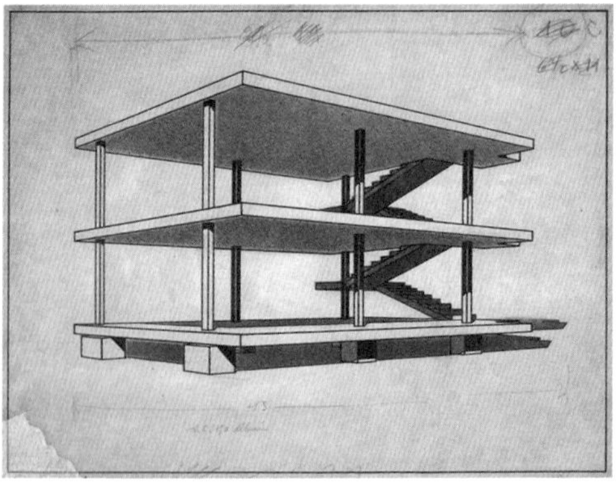

『多米诺』住宅设计方案（绘于 1914—1915 年）

他是这么说的，也是这么做的。

早在 1915 年，勒·柯布西耶就与瑞士工程师马克斯·杜波依斯（Max Dubois）共同提出了一种被取名为“多米诺”(Dom-Ino)

的钢筋混凝土框架住宅形式。他在这个命名上使用了双关语，可以理解成住宅（Domus），也可以是多米诺骨牌（Dominos）。就像这个奇怪的名称所代表的信息一样，这种住宅的最大特点就是标准化。它的柱子和楼板都是按照标准的模数制作。墙面仅仅是一层隔断，它的位置完全取决于同样是工厂标准生产的家具位置。在这样的现场工地上，“总共只要一个工种的工人就可以造起住宅来了，这就是瓦工”[37]188。

15-3 “雪铁龙”住宅与弗鲁格斯现代社区

1920—1922年，勒·柯布西耶将“多米诺”住宅的思想进一步发展为“雪铁龙”住宅（Maison Citrohan）。它也是标准化的框架组成，像“雪铁龙”汽车那样可以进行大批量生产。但它更强调进深，横向只有一个开间，内部拥有一个贯通两层的大起居室，儿童卧室位于最上层，前面拥有一个建在平屋顶上的空中花园。在勒·柯布西耶看来，“雪铁龙”方案能够满足健康住宅所必需的阳光、空气、绿化三大要求，而人们对美的感受则可以从比例中获取。他说：“比例不向业主要什么，但向建筑师要。只有理智满足了，心灵才会被触动，而经过计算的东西能满足理智。”[37]196

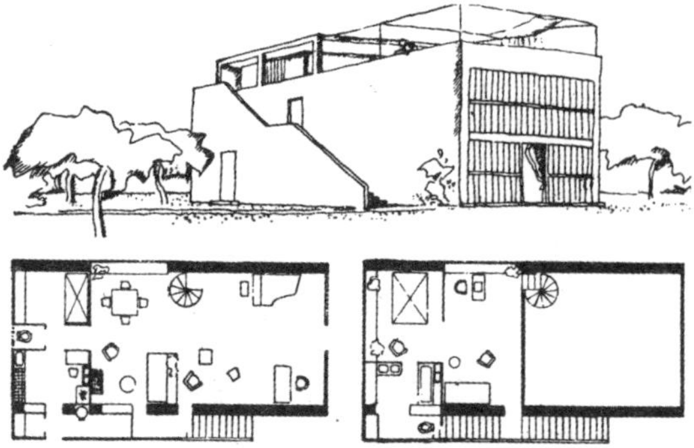

勒·柯布西耶描绘的『雪铁龙』住宅透视图以及一、二层平面图

勒·柯布西耶本来想说服雪铁龙家族投资工人住宅[38]33，虽然没有如愿，但却打动了另一位工业家。1924年，法国南部波尔多的制糖工业家亨利·弗鲁格斯（Henry Frugès，1879—1974）邀请勒·柯布西耶在波尔多郊区佩

弗鲁格斯现代社区，如今还有50座保留下来

萨克（Pessac）采用“雪铁龙”住宅模式建造一组工人住宅（Quartiers Modernes Frugès）。这些住宅分为六种类型，表面施以明快的色彩，犹如“建筑交响乐”。弗鲁格斯原计划要建造200栋这样的住宅，但可能是由于结构和造型过于现代且距离工人工作场地较远，这些住宅当时并未受到欢迎，最终只完成了53座。

15-4 “不动产别墅”和“新精神展馆”

勒·柯布西耶描绘的「不动产别墅」设计方案

仅仅只是像一般别墅群那样平面铺开，在密度上肯定是不足以真正满足工人住宅的数量要求。1922年，勒·柯布西耶又提出所谓“不动产别墅”（Immeuble Villa）方案，将“雪铁龙”住宅层叠起来组成多层公寓。它的每一标准单元“都是两层的，有自己的花园。一个旅馆式的机构管理全楼的公共服务：热水、集中供暖、冷藏、吸尘器、饮水消

毒等。生熟食物由采购人员来做，一座大厨房按照要求供应三餐。屋顶上有一间公共大运动场和 300 米跑道，还有一间交谊大厅”[37]204。他将之称为“联合公寓”（Unité d'Habitation）。

1925 年，勒·柯布西耶在巴黎举办的“现代装饰和工业艺术国际展览会”上以“新精神展馆”（Pavillon de l'Esprit Nouveau）的名义向公众展示了“不动产别墅”的标准单元。他将基地上的一棵树嵌在“空中花园”中，给人留下深刻印象。尽管国际评审团有意要授予这件展品最高奖项，但展览会的组织者却对这种毫无装饰的设计充满敌意，甚至一度要用栅栏将它隔离开来。

『新精神展馆』（摄于 1925 年）

15-5 布洛涅的库克别墅与《新建筑五要点》

“新精神展馆”的展出让勒·柯布西耶声名鹊起，许多对现代主义建筑抱有兴趣的业主纷纷找上门来。在随后的几年里，他接连建造了多座别墅住宅，从实践层面对现代建筑的理念和原则加以丰富完善。

库克别墅

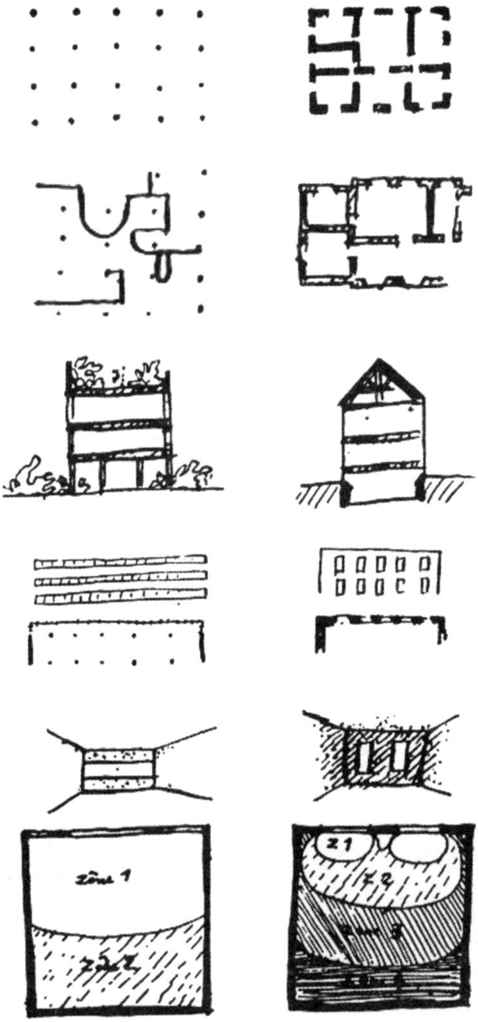
勒·柯布西耶描绘的新建筑五要点

1926 年，勒·柯布西耶设计完成了位于巴黎西郊布洛涅（Boulogne）的库克别墅（Villa Cook）。这座别墅位于一个不大的基地上，它的主要特点被归纳在同年推出的《新建筑五要点》一文中。在这篇文章中，勒·柯布西耶将他的“新建筑”即现代建筑同“旧建筑”即传统建筑进行比较，得出现代建筑的五个主要特点：①底层用柱子支撑，仿佛将房子举在空中而将地面留给行人；②采用框架结构，内部墙体无须承重，可以按照使用需求自由分隔空间；③平屋顶可以用作空中花园，从而补偿因盖房占用的地面；④承重柱可以退到外墙之内，外墙不需承重因而可以自由处理；⑤同样由于外墙不需承重，因而可以开设横贯开间的水平向长窗以增进室内采光。

之所以说勒·柯布西耶对现代建筑体系的确立和推广具有最大的贡献，不仅仅是因为他设计了众多引领潮流的实际建筑作品，更主要是因为他特别善于总结，把属于个人技巧性、心得性的东西提升到系统和理论的高度。在这里，他所总结出的这五个要点确实是现代建筑最典型的特征和宣传着力点，让人一目了然。

15-6 加尔什的斯坦因－德·蒙齐别墅

1927年，勒·柯布西耶在巴黎附近的加尔什（Garches）设计了斯坦因-德·蒙齐别墅（Villa Stein-de Monzie）。他特意让这座别墅的平面柱网分布与帕拉第奥设计的福斯卡里别墅（Villa Foscari，建于1559年）完全一致，通过比较来突出现代建筑截然不同的特征：一个是用实墙进行规整分隔，构图和承重的需要超过实用的需要；另一个则是根据实际用途需要，利用家具或轻质墙体自由分隔空间。此外，斯坦因-德·蒙齐别墅所采用的架空底层、横向长窗、空中花园以及自由立面都体现了与传统建筑迥异的现代建筑特点。

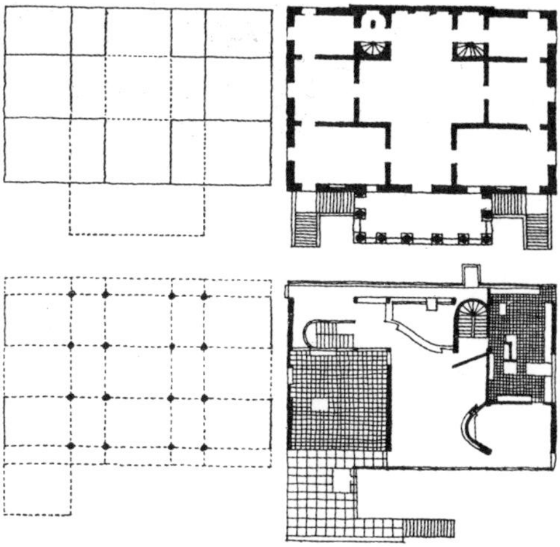

上图为福斯卡里别墅平面图，下图为斯坦因-德·蒙齐别墅平面图

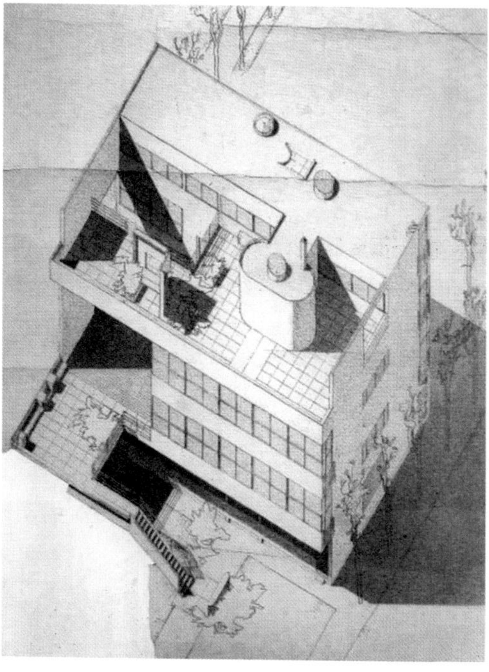

斯坦因-德·蒙齐别墅轴测图

在斯坦因-德·蒙齐别墅的立面设计中，勒·柯布西耶展示了建筑师在自由立面的情况下如何运用比例和基准线（Regulating Lines）来获得建筑的美感。他在分

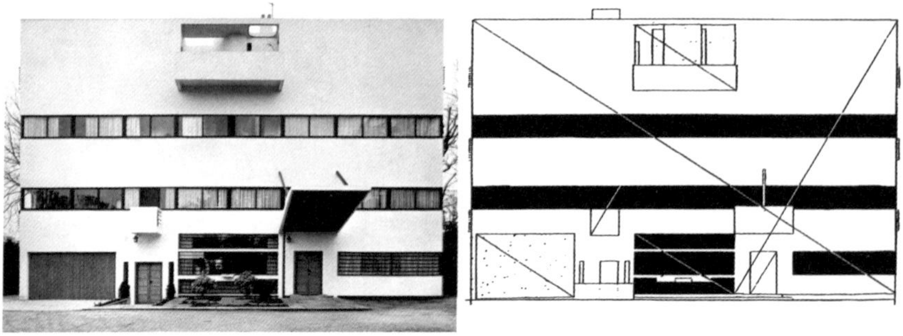

勒·柯布西耶用基准线来确定斯坦因-德·蒙齐别墅立面门窗形状和位置

析了许多古人优秀作品后指出：“基准线是反任意性的保证，是精神领域里的满足，它导致探索精巧和谐的比例。它给作品以协调。基准线带来了可以感知的数学，它提供关于规则的有益的概念。”[37]64

15–7 普瓦西的萨伏伊别墅

萨伏伊别墅外观（摄影：M. Zamorano）

萨伏伊别墅内部（摄影：J. Lewit）

1929—1931 年设计建造于巴黎附近普瓦西（Poissy）的萨伏伊别墅（Villa Savoye）是 20 世纪上半叶最著名的现代主义建筑之一，它在各个方面都堪称勒·柯布西耶新建筑五要素的典范。

从建筑爱好者和艺术鉴赏者的角度，萨伏伊别墅确实非常美，美得就像一件灵巧的雕塑。勒·柯布西耶认为，看着这样美丽的雕塑般的建筑，就可以满足人们的情感需求。如果再加上清新的空气、充足的阳光、绿油油的草坪、迅捷的高速公路、邮轮式的客房服务，物质需求也可以得到满足。这样的话，人生还有何求？

15-8 《光辉城市》

从“雪铁龙”住宅到“不动产别墅”，从库克别墅到萨伏伊别墅，勒·柯布西耶的终极目标是要建设一种与传统城市截然不同的、在他看来是能够适应现代工业生产方式和汽车时代的现代新型城市，他将其称为“光辉城市”（La Ville Radieuse）。经过10余年反复思考、研究、提炼，在1933年出版的同名著作中，勒·柯布西耶详细描述了“光辉城市”的完美面貌。

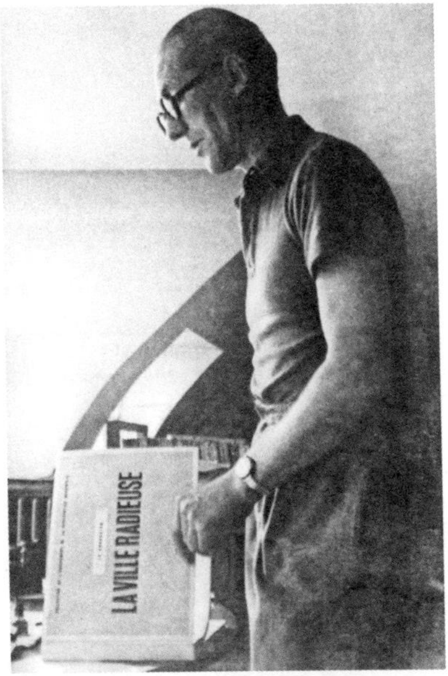

勒·柯布西耶在翻看《光辉城市》

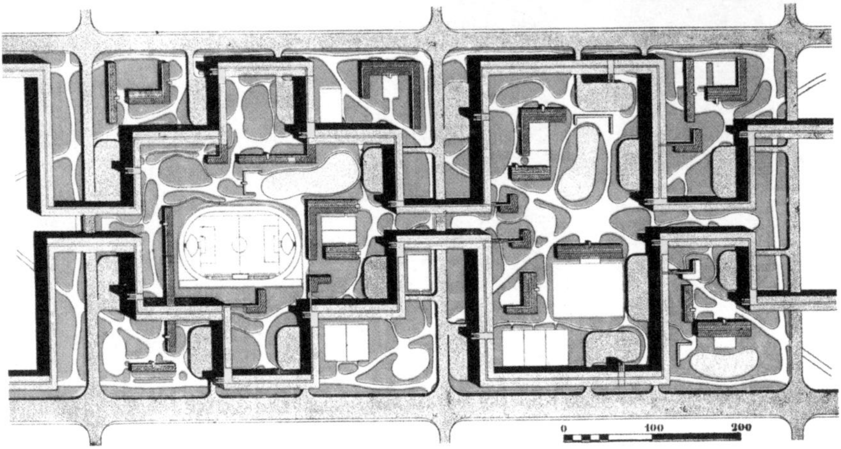

《光辉城市》中的住宅区布置图

这是一座完全消除了传统中有关街区、街道、内院这样一些概念的城市。住宅区由 12~15 层高的住宅楼组成，呈锯齿形连续不间断地蜿蜒在城市中。高架公路以 400 米的间距呈网格状分布，网格的每一条边都设置两处停车场，与住宅楼直接相连，从停车场可以乘坐电梯到达各层内部走廊。每个停车场和电梯间将为 2700 个居民提供服务。每个这样的居住单位都配备有各种与家庭生活直接相关的公共服务设施：社区中心、托儿所、幼儿园、小学和露天活动场所；还设有专门的公共服务中心，采用集体经营模式，统一采购所有生活必需品；餐馆、商店、理发馆也一应俱全，“为本社区居民提供无微不至的日常活动”，就像泰坦尼克号远洋邮轮一样。所有住宅楼底层全部架空，公路也全部高架在 5 米高的空中，整个地面 100% 都留给行人和绿地。不对，不止 100%，实际上是 112%，因为住宅楼的屋顶也可以用作绿化。

《光辉城市》中描绘的底层架空住宅区

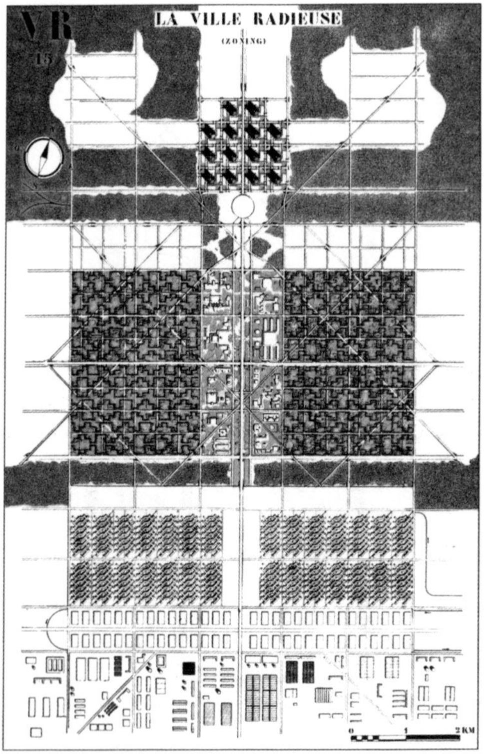

《光辉城市》中的城市总体布置图，中央为居住区，上方为商业和行政区，下方为工业区，体育场和大学布置在这张图看不见的很远很远的左右两侧，通过铁路与城市相连

办公和商业区域与住宅区相分离，由高架公路相连通。60 层高的办公楼每隔 400 米布置一座，每座楼可以容纳 12000 个工作岗位。办公楼的底层同样也是架空的，把地面和屋顶全部留给绿化。工业区分布在与商业区相反的方向上。此外还有

体育场和大学，它们被安排在另一条轴线的远端，远远离开城市，以避免对城市生活造成不良影响，或者受到城市生活的不良影响……

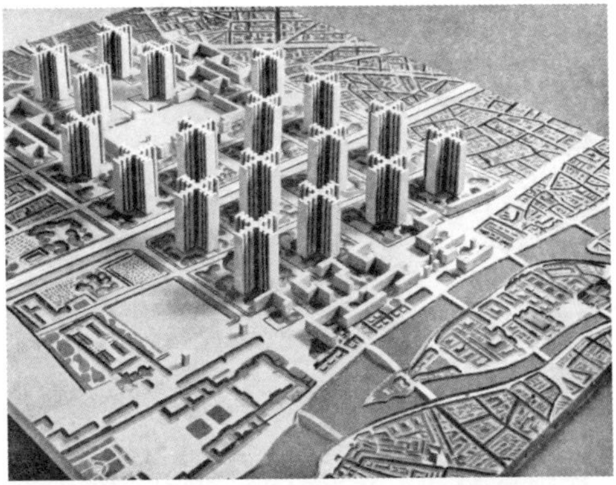

1925年所做的巴黎城市更新计划，准备将除了卢浮宫等少数古迹外的旧城区全部拆除

尽管勒·柯布西耶竭尽全力推广他的“光辉城市”，但在当时却应者寥寥。他为巴黎、里约热内卢、阿尔及尔等世界各地的许多城市进行设计，他准备要用大扫除的方式把那些在他看来拥挤不堪、充斥着无聊生活的街区和街道彻底扫尽——“为了拯救巴黎，必先亲手毁了它”[38]40。但是这些方案却无一得以实现。

1929年勾绘的里约热内卢城市规划，带状的连续公寓楼楼顶为高速公路

勒·柯布西耶不能理解这一切。直到1964年接近人生的尽头，他仍然不能原谅那些曾经拒绝和批评他的“光辉城市”的人。他说：“你们这些‘不高兴先生’，这些时时刻刻都在朝我吐口

1930年做的阿尔及尔城市规划，带状公寓楼的屋顶是高速公路

水的人，你们可曾想过，这些方案饱含着一位心系天下、与世无争的人的全部心血。在他的一生中，他一直将自己的事业奉献给人类兄弟，对他来说，他人就是兄弟姐妹，他像爱兄弟姐妹一样爱着所有人。也恰恰是因为这个原因，他越是正确，就越会颠覆他人习惯的思路或方式。”[39]

15-9 CIAM与《雅典宪章》

参加CIAM第一次会议的建筑师合影，勒·柯布西耶站在画面中央

只有跟他一样的前卫建筑家们能够理解他。1928年6月，在勒·柯布西耶的倡导组织下，20多位来自法国、瑞士和德国的建筑家受邀参加了在瑞士拉萨拉（La Sarraz）举行的国际现代建筑大会（Congrès Internationaux d'Architecture Moderne，简称CIAM）第1次会议。⊖勒·柯布西耶为会议拟定了工作计划，主要关注现代技术、标准化、总体经济体系和城市规划四个方面的内容。在1933年举行的第4次大会上讨论了所谓《雅典宪章》（Charte d'Athènes，因该次会议是在从法国马赛驶往希腊雅典的邮轮上举行而得名），并最终于1943年由勒·柯布西耶亲自操刀撰写发表，将他的“光辉城市”思想以一种近似于法规的形式确定下来，成为第二次世界大战之后许多地方建筑和城市设计的指导性纲领，影响极为深远。

⊖ 在吉迪恩以及本次会议发起者之一兼场地提供者赫莲·德·曼德洛夫人（Hélène de Mandrot，1867—1948）看来，举办这样的会议的目的就是鼓励大家“一起工作”，以共同反抗现代建筑的敌对势力。——参见吉迪恩《空间·时间·建筑——一个新传统的成长》。

第十六章 欧洲现代主义运动其他主要流派

现代建筑的问题不是要重新安排它的线条。

16-1 意大利未来主义

20世纪从一开始就是一个敢想敢干的世纪。1909年2月，一位名叫菲利波·托马索·马里内蒂（Filippo Tommaso Marinetti，1876—1944）的意大利诗人在法国《费加罗报》发表文章，热情讴歌工业化所带来的人类历史空前的物质成就："……我们要歌唱那些由电灯照亮的兵工厂与船坞的午夜狂热；那些贪得无厌地吞食着长蛇般喷烟的列车的火车站；那些在弯曲的烟尘所形成的阴云下的工厂；那些在阳光下像刀剑一样闪光的桥梁；那些追赶着地平线的探险的轮船；那些用车轮飞驰过大地的胸膛，犹如装了钢管马具的骏马般的机车；那些从容不迫地飞翔的飞机，它的螺旋桨像旗帜般拍打着疾风，其声音犹如浩荡人群的喝彩。"[25]85 在这篇名为《未来主义宣言》的文章鼓舞和号召下，一批同样醉心于新技术的青年艺术家举起了手中的画笔，开始描绘他们心中的未来世界。安东尼奥·圣伊利亚（Antonio Sant'Elia，1888—1916）是其中最突出的一位。

圣伊利亚描绘的未来城市摩天楼，外侧是高耸的电梯塔

1914 年，圣伊利亚在米兰的一个展览会上发表了未来主义建筑宣言：“现代建筑的问题不是要重新安排它的线条，不是要找到一种新的装饰、新的门窗框，或用女像柱、大黄蜂、青蛙来代替柱、壁柱和枕梁，而是要汲取科学和技术的每一种成就来把建筑结构提高到一个理智的水平上，建立新的形式、新的线条和新的存在理由，完全取决于现代生活的特殊条件和它延伸到我们理智中的美学价值。”[25]87 他用图纸向公众展示了未来世界“新城市”的面貌：到处是巨型的现代化建筑，城市上空飞机隆隆飞过，立交桥上汽车川流不息；地下隧道火车快速奔驰。

1927 年受圣伊利亚影响拍摄的德国未来主义电影《大都市》

在圣伊利亚和未来主义者的理想中，未来世界将由机器来统治，每一个普通人都只是这台机器上的一个齿轮，高效率的机器将会彻底解决人类遇到的一切问题。这种想法与勒·柯布西耶是完全一致的。

1915年，圣伊利亚抱着对战后未来新世界的憧憬志愿参加了工业化时代的第一次世界大战，次年在前线阵亡。

马里内蒂（左一）、圣伊利亚（中）和其他几位未来主义画家1915年在军中合影

1916—1923年，由意大利工程师贾科莫·马特－特鲁科（Giacomo Mattè-Trucco，1869—1934）为菲亚特（Fiat）汽车公司设计建造的林格托工厂（Lingotto）被认为是意大利未来主义的标志性建筑。这是一座工业时代的钢筋混凝土建筑奇观。建筑师将一条汽车测试跑道放在超过500米长的五层厂房楼顶，盘旋的上升车道和倾斜的屋顶赛道极具科幻感，也给前来参观的勒·柯布西耶留下深刻印象，启发了他在里约热内卢和阿尔及尔所做的城市规划方案。

林格托工厂（摄于1928年），这座工厂如今已被改造成为多功能文化艺术中心

16-2 意大利理性主义

林格托工厂的外观造型属于理性主义风格。1926 年 12 月，以朱塞佩·特拉尼（Giuseppe Terragni，1904—1943）为首的 7 位青年建筑家在杂志上发表理性主义建筑宣言。他们继承了未来主义对于建设属于现代文明"新城市"的美好愿望，但是不赞成完全割裂历史传统，也不赞成勒·柯布西耶将住宅当成机器的激进观念。他们宣称："我们的过去与现在，两者之间并非水火不容。我们并不想割断传统。新建筑，真正的建筑，必须来自于对逻辑和理性一丝不苟的坚持。我们并不是宣称要去创造一种风格，而是从对理性的一贯应用中，从与建筑结构及其预期目标的完美联系中，得到选择的风格。我们应当继续尊崇纯韵律的抽象完美与不确定性；仅仅是简单的建筑式样，是没有美观可言的。"[12]306

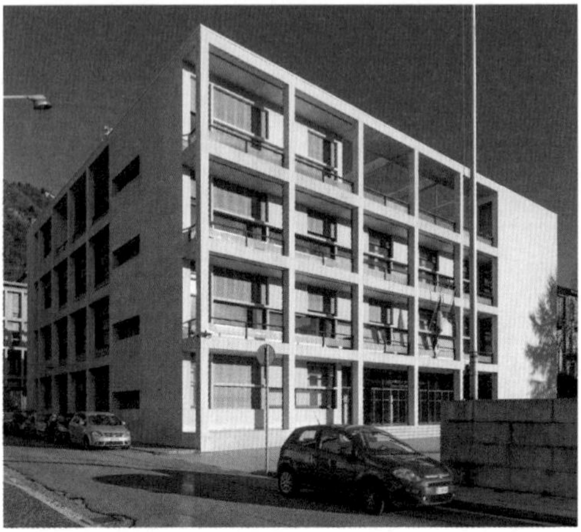

法西奥大厦（摄影：V. Baburov）

理性主义的代表作是 1932 年由特拉尼设计的科莫（Como）的法西奥大厦（Casa del Fascio）。这座大厦既具有现代主义严格理性的几何特征，同时又包含对意大利宫殿建筑传统的隐喻，简洁而不失尊贵，冷静而又具有纪念性。

16-3 俄罗斯构成主义

受俄国十月革命胜利鼓舞而兴起的构成主义（Constructivism）也是早期现代主义运动的重要组成部分。它承继了未来主义对工业化和机器时代的浪漫情绪，在建筑领域以最能表现新时代特征的新结构、新技术和新材料作为建筑表现的中心，通过从几何形态的基本要素遵循客观秩序和规律的构成出发，建构建筑“纯粹的”艺术形式。

第三国际纪念塔

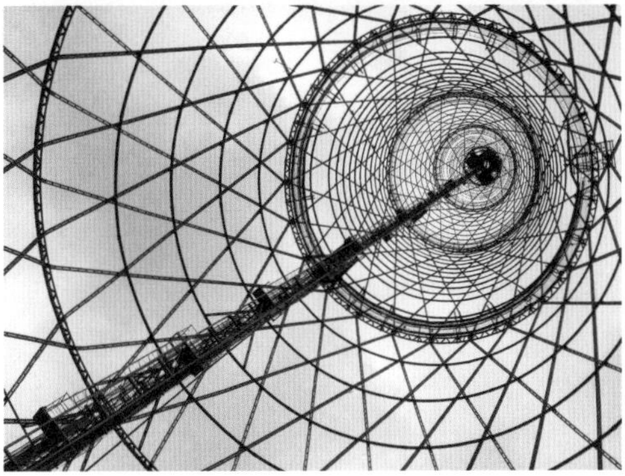

舒霍夫塔，从内部向上仰视（摄影：Arssenev）

构成主义的第一件代表作品是由弗拉基米尔·塔特林（Vladimir Tatlin，1885—1953）1919年设计的第三国际纪念塔（Monument to the Third International）。这座塔如果能够建起来的话，将横跨在穿越圣彼得堡的涅瓦河上，高度将达到400米，超过埃菲尔铁塔。该塔的主体是两股交错上升的螺旋线骨架，其上悬挂四个几何体，分别以一年一圈、一月一圈、一日一圈和一小时一圈的速度旋转，象征共产主义运动永无止境。其下还设想建有国际会议中心、通信中心等设施。这座塔的造型远较埃菲尔铁塔简洁，由钢铁和玻璃所形成的点、线、面的组合“表达了一种紧凑而壮丽的简单性”[25]186，构成现代建筑的基本特征。由于新政权刚刚建立而财力不允许，这座塔没能建造出来。不过在莫斯科，一座更为简洁的圆锥形铁塔在 1922 年得以实现。由工程师弗拉基米尔·舒霍夫（Vladimir Shukhov，1853—1939）建造的这座铁塔原计划高度 350 米，最终按照 160 米建成。

鲁萨科夫工人俱乐部

梅尔尼科夫 1934 年创作的苏联重工业部大楼设计方案

康斯坦丁·梅尔尼科夫（Konstantin Melnikov，1890—1974）是俄罗斯构成主义建筑家中最突出的一位，建于 1927—1928 年的莫斯科鲁萨科夫工人俱乐部（Rusakov Workers' Club）是他的代表作。设在顶层的三个礼堂向外悬挑，如同机器齿轮般结实有力。

构成主义在欧洲拥有较大的影响，包豪斯著名教授莫霍利 - 纳吉就是一位来自匈牙利的构成主义艺术家。它对技术和结构表现的激烈追求丰富了现代主义思想，其影响力直到最近仍可以被感受到。但是在苏联，构成主义在 20 世纪 30 年代中期以后就销声匿迹了。后来移民到英国的构成主义建筑家贝特霍尔德·卢贝特金（Berthold Lubetkin，1901—1990）回顾说：“超出可能的技术幻景与原始落后的建筑业现实之间的差距，使理想化的工艺不得不让位于在低层次上的普通技巧，这就使一些建筑师走向一种空洞、虚伪的美学主义，与他们开始时企图取而代之的形式主义者无甚区别，因为他们被迫去体现一种掺有水分的先进技术形式，而实际上却并无真正的介质去实现它。功能主义者在阐明其信条时所持的咄咄逼人的自信，不能掩盖其教条的空虚和实践的无力。”[25]182

16-4 荷兰风格派

荷兰风格派（De Stijl）也是早期现代主义运动的重要一环。1917 年，西奥·范·杜斯堡与先锋派画家彼埃·蒙德里安（Piet Mondrian，1872—1944）发起成立旨在打破传统艺术教条和自然形态限制的“新造型主义”（Neo-Plasticism）艺术组织，以他们所创办的杂志《风格派》得名。他们拒绝新艺术运动所倡导的自然形态，认为艺术家应该剥去所绘物体表面的所谓自然特性，直接描绘万物本来应该成为但还未能成为的状态，即由点、线、面，红、黄、蓝，黑、白、灰这些最基本的造型元素所构成的最基本的形态。作为立体主义艺术思想的延续，风格派艺术家将立体主义的抽象理性思维推向了极致。

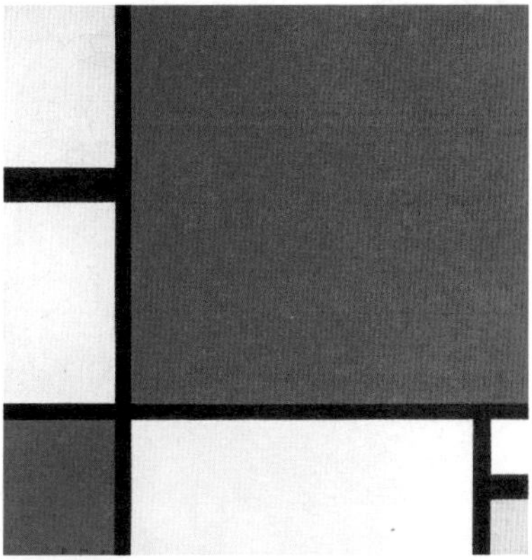
蒙德里安《红蓝黄》（1930 年）

杜斯堡在他所设计的斯特拉斯堡的奥贝特餐厅（1927 年）

风格派的这些思想与构成主义以及包豪斯的现代主义思想在许多方面不谋而合。事实上，正是杜斯堡 1921 年对包豪斯的造访促使格罗皮乌斯调整包豪斯的办学思想，并且为包豪斯的许多作品打上了风格派的烙印。在杜斯堡为风格派撰写的《塑性建筑艺术的16要点》中，他宣称："新建筑应是反立方体的，也就是说，它不企图把不同的功能空间细胞冻结在一个封闭的立方体中。相反，它把功能空间细胞从立方体的核心离心式地甩开。通过这种手法，高度、宽度、深度和时间就在开放空间中接近于一种全新的塑性表现。"[25]157

施罗德住宅

红蓝椅

风格派在建筑领域的代表人物是杰里特·里特维尔德（Gerrit Rietveld，1888—1964）。他于1924年设计的乌特勒支(Utrecht)的施罗德住宅（Schröder House）似乎就是为了验证风格派的理论而建造的，几乎就是蒙德里安画作的三维版。在这里，构成建筑的各个部分，比如墙、楼板、屋顶、柱子、玻璃窗、栏杆，甚至是窗框、门框和家具，都不再被看作闭合整体中理所当然的或者可以视而不见的组成，而是毫不含糊地表明各自不同的结构属性、功能属性和地位属性，以及它们是如何被按照严格的规律组合起来从而形成建筑空间的。

里特维尔德的另一件著名的风格派作品是1917年设计的"红蓝椅"（Red

and Blue Chair）。这样一张椅子坐起来不可能很舒服，它着重是要表达一种对事物本来面目认识的概念。

16-5 德国表现主义

表现主义（Expressionism）是 20 世纪初首先出现在德国的一种艺术新潮流派。表现主义艺术家们不愿去追求客观再现外在世界，而是更关注自身内在情感和心灵的表达，去探索视觉无法发现的隐秘精神世界。包豪斯的重要骨干伊顿、康定斯基和克利都曾是表现主义画家。

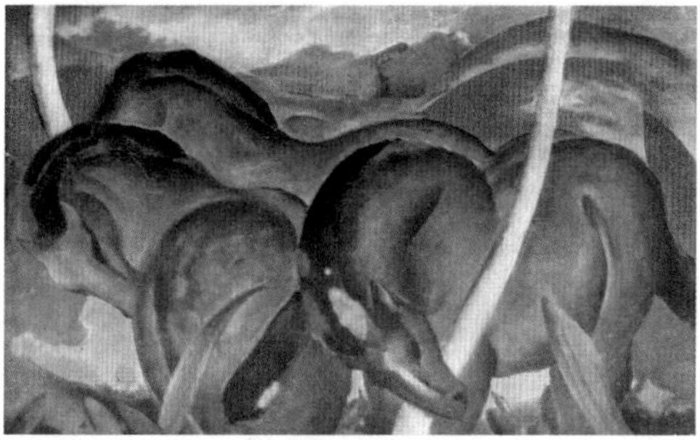

蓝马（弗朗兹·马克创作于 1911 年）

在建筑领域，表现主义建筑家主张充分利用现代技术手段为主观表现服务，特别推崇玻璃这种现代工业产物所产生的透射、折射和反射等光学表现效果。其最早的代表作品是布鲁诺·陶特在 1914 年德意志制造联盟科隆展览会上为德国玻璃工业协会建造的展览馆。这座被恰当地称为“玻璃馆”（Glass Pavilion）的建筑造型源自古代圆形神庙，但穹顶和墙体都采用现代钢铁和玻璃材料制作。穹顶是螺

1914 年德意志制造联盟科隆展览会玻璃馆外观

1914年德意志制造联盟科隆展览会玻璃馆内景

波茨坦爱因斯坦天文台

旋线网架结构，网格间镶嵌着双层玻璃，外层是普通玻璃，内层则是玻璃棱镜，可以让穿透的光线发生色散，从而在内部产生迷人的色彩变化，从下方的深蓝色逐渐过渡到穹顶的金黄色。墙体和内部楼梯也是用可以产生折射和微妙色散作用的玻璃砖制作。身处其中，仿佛是置身于超脱现实之外的虚幻世界。

与现代主义运动主流派别有所不同，表现主义建筑家不大情愿接受作为现代工业代表的类型化模式，而是特别注重在现代技术助力下的个性化艺术表现。由埃里希·门德尔松（Erich Mendelsohn，1887—1953）1921年设计建造的波茨坦爱因斯坦天文台（Einstein Tower）是表现主义的代表作之一，很好地表达了相对论对于普通人而言神秘莫测的感受。

16-6 阿尔瓦·阿尔托的早期建筑生涯

芬兰的阿尔瓦·阿尔托（Alvar Aalto，1898—1976）是北欧最有代表性的现代主义建筑家，在现代建筑史上具有重要的地位。阿尔托曾经受过正规的建筑教育。1928年，在现代建筑思潮影响下，他摆脱古典主义的北欧传统风格，走上现代主义建筑之路。这一年，他设计了位于图尔库（Turku）的图伦·萨诺玛特报社建筑（Turun Sanomat Building）。这座建筑的沿街立面完全符合勒·柯布西耶给现代建筑所下的定义：架空底层、横向长窗、屋顶平台，被认为是北欧第一座现代主义建筑。在内部的印刷车间中，他采用钢筋混凝土无梁楼板结构，将柱子处理成转角圆滑的有机形态。这种近乎表现主义的细节处理体现出阿尔托骨子里深刻的民族浪漫主义精神，正是这样一种精神，使他的现代主义建筑设计始终具有鲜明的个人风格。

阿尔瓦·阿尔托与妻子艾诺·阿尔托（H. Matter 摄于1940年）

图伦·萨诺玛特报社外观（摄影：M. Holma）

图伦·萨诺玛特报社印刷车间

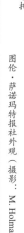

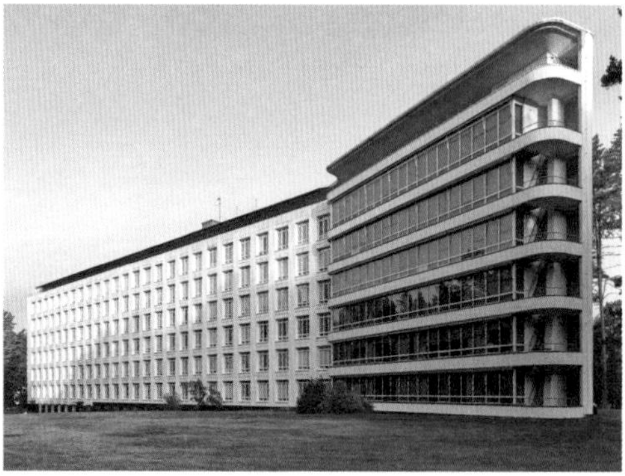

帕米欧结核病疗养院（摄影：F.Fouillet）

1929 年，阿尔托赢得帕米欧结核病疗养院（Paimio Tuberculosis Sanatorium）的设计任务。这是一件具有典型现代主义美学特征的作品，功能主义的平面布局以及对疗养病人细致入微的人性化细节使它成为现代医院设计的楷模。

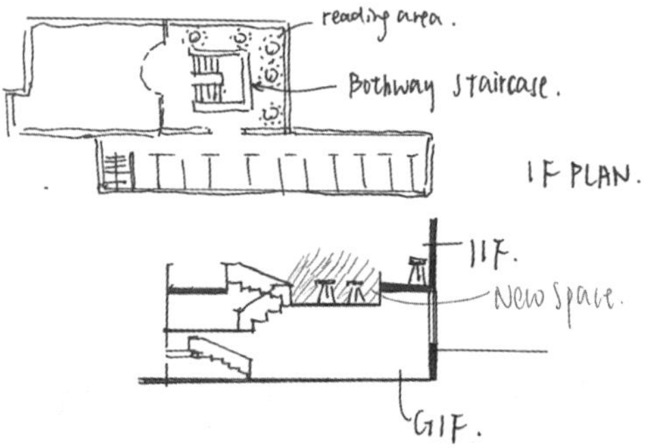

阿尔托手绘的维堡市立图书馆阅览室设计草图

维堡市立图书馆阅览室内景（摄影：Reskelinen）

维堡[一]市立图书馆（Vyborg Public Library）是阿尔托 1927 年参加设计竞赛的获奖项目。他的早期设计方案具有明显的新古典主义风格，但是在 1930 年开始实际建造后做出较大调整，呈现出鲜明的现代主义特征。位于主楼的阅览室采用错层式设计，上方的照明系统别具匠心，开口上小下大的圆形天窗将自然光引入并均匀地散射在空间中，使读者不至为阴影所困扰。这种特殊的天窗设计以后在阿尔托的作品中屡有出现，成为阿尔托的标识之一。位于辅楼二层的演讲堂顶棚设计十分独特。出于声学方面的

㊀ 1918 年芬兰获得独立后，维堡曾属于芬兰版图，称为维普里（Viipuri）。1940 年以后并入苏联，称为维堡（Vyborg）。

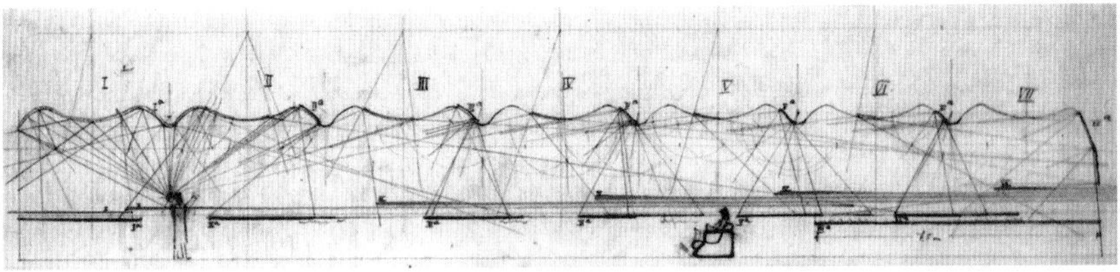

阿尔托绘制的演讲堂顶棚声学分析图

考虑，阿尔托将矩形讲堂的顶棚设计成通长的波浪式造型。这种处理方式表面上看是现代主义讲究功能第一的结果，但实际上更多的是表现阿尔托对有着“千湖之国”美称的芬兰秀丽的自然环境的热爱。

维堡市立图书馆演讲堂内景（摄影：M. Kairamo）

在建造帕米欧结核病疗养院期间，阿尔托还为其设计了几款家具和灯具，其中最有名的是一张被称为“Paimio”的扶手椅，其原型是布鲁尔设计的瓦西里椅，阿尔托根据芬兰的特点将其改为弯曲胶合木制作。1935 年，阿尔托与他的妻子艾诺（Aino Aalto，1894—1949）以及两位朋友一起开办了一座家具工厂，取名“Artek”，意思是艺术与技术的结合。这家工厂专门生产他们夫妇俩设计的家具、灯具和玻璃器皿，直到今天还深受欢迎。

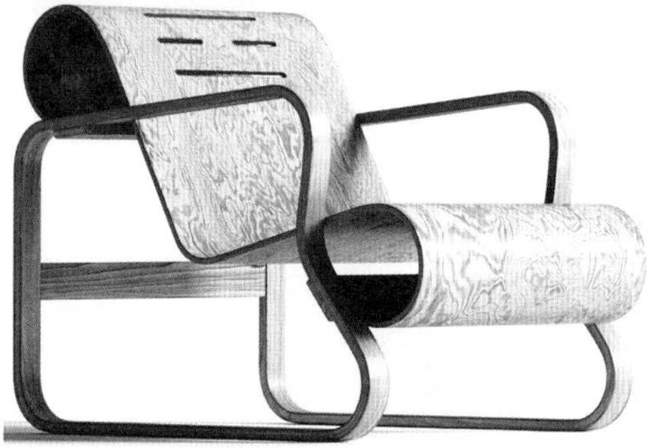

为帕米欧结核病疗养院设计的『Paimio』扶手椅

为帕米欧结核病疗养院设计的 31 型扶手悬臂椅

第十七章 美国摩天楼时代

“它们自信、豪放和美丽，有如一个意志坚强的形象。”

148

17-1 纽约熨斗大厦

纽约熨斗大厦（摄影：M. Siegel）

19 世纪美国摩天楼发展初期，芝加哥学派曾经发挥过重要作用。但是从 1893 年开始，复古风格卷土重来。1902 年由曾经的芝加哥学派干将伯纳姆设计的熨斗大厦（Flatiron Building，因其外观形象而得名，原名为富勒大厦“Fuller Building”）就是一个典型例子。这座 87 米高的建筑位于第五大道与斜向的百老汇大道相交的三角形基地上，主体结构为钢框架，表面则以石材构成古典主义立面形象。

17-2 纽约大都会人寿保险公司大厦

随着摩天楼“身高”迅速增长，旧的宫殿式造型逐渐难以适应，于是建筑师们又到历史宝库中搜寻“合身的外衣”。1909 年由拿破仑·勒布朗父子（Napoleon LeBrun & Sons）建筑公司设计建成的纽约大都会人寿保险公司大厦（Metropolitan Life Insurance Company Tower）采用威尼斯圣马可广场钟楼的式样，塔楼高 213 米，50 层，是第一座超过 200 米的摩天楼，鹤立鸡群、一柱擎天的气势仿佛宣告摩天楼已不再属于大地。真正的“摩天楼时代”开始了。

纽约大都会人寿保险公司大厦

17-3 纽约伍尔沃斯大厦

1913 年由卡斯·吉尔伯特（Cass Gilbert，1859—1934）设计的纽约伍尔沃斯大厦（Woolworth Building）高 241 米，60 层。它所采用的哥特细节使大楼摆脱沉重的体量感，直如哥特教堂般轻盈欲飞，素有“商业大教堂”美称。

纽约伍尔沃斯大厦

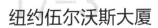

纽约公正大厦

17-4

纽约公正大厦

1915 年建成的纽约公正大厦（Equitable Building）由欧内斯特·罗伯特·格雷厄姆（Ernest Robert Graham，1868—1936）设计。它虽然没有创造新高，但却引发了一场摩天楼设计的重大变革。这座古典风格的大厦占地面积约 4000 平方米，除了狭窄的中央部分之外，没有做任何退缩就从基地垂直拔升 164 米，其庞大的身躯几乎将整个街区完全挤满，给周围邻居留下永不退去的阴影。

1916 纽约分区法案退台要求示意图

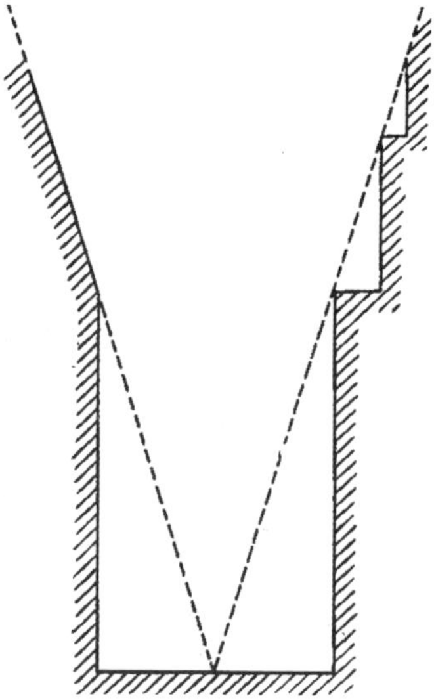

这样一种撑满用地的做法在低层建筑为主的时代是没有争议的。充分利用街区空间，甚至用骑楼将建筑主体跨越在人行道上空，对于较为低矮的建筑来说反而是一种有利于促进城市生活的良好方式。然而当建筑的楼层急遽增加的时候，再要坚持这样的做法就有所不妥了。公正大厦建成后第二年，

纽约市通过分区法案（1916 Zoning Resolution），要求城市中的摩天楼必须以适当的方式自街面向后退缩。具体来说就是，地产开发者建造的楼房只有保持在一定的高度以下，才可以在用地内实现100%的建筑密度；而一旦超过这一高度，超出的部分就应该自临街一侧根据不同的街区性质要求，按照一定的角度向后退台；只有在楼层的平面面积小于用地面积的25%时，才可以从临街面直接拔起，不受高度和退台角度的限制。这种做法在一定程度上改变了城市街道因摩天楼林立而昏暗无光的氛围，同时也大大影响了摩天楼的造型特征。层层退后的金字塔式造型成为此后很长时间摩天楼设计的主流。

休·费里斯（Hugh Ferriss）在其1929年所著《明日的大都市》中展示的退台式摩天楼

17-5 芝加哥论坛报大厦

1922年举行的芝加哥论坛报大厦（Chicago Tribune Tower）设计竞赛是美国摩天楼从复古风格向现代风格变化的转折点。由约翰·米德·豪威尔斯（John Mead Howells，1868—1959）和雷蒙德·胡德（Raymond Hood，1881—1934）联合设计的哥特风格方案击败了包括格罗皮乌斯和路斯在内的多位欧洲知名现代主义建筑家获得优胜，并按此方案进行了建造。

芝加哥论坛报大厦外观局部

左图为格罗皮乌斯的参赛方案，右图为沙里宁的参赛方案

但是这次竞赛的第 2 名，由芬兰建筑师伊利尔·沙里宁（Eliel Saarinen，1873—1950）设计的方案却在事后引起了更大关注，最终引发美国摩天楼“艺术装饰风格”的兴起。

“艺术装饰风格”（Art Deco）这个词起源自 1925 年巴黎“现代装饰和工业艺术国际展览会”，前述勒·柯布西耶的“新精神展馆”就是在这次展会上亮相的。但在展览会上居主导地位的并不是他，而是一种既承认机器时代的功能原则，又不反对简化的几何图案装饰和戏剧化效果，符合大众猎奇心理的综合风格，有现代主义的大众版之称。这种风格在建筑上体现为既具有简洁的现代主义几何形式，又具有某些历史时期或某些地域的表现主义情调，就像沙里宁方案所体现出的“现代主义 + 哥特风味”，可能还有古埃及金字塔或美洲玛雅神庙气息这样多种糅合的特征。

美国的社会情况与欧洲大陆有很大不同。一方面，在欧洲大陆上斗得你死我活的现代主义与历史主义之争在美国没有多大市场，现代主义还没有赢得美国人欢心，也没有必然的理由要取代历史主义；另一方面，第一次世界大战后已经一跃成为世界头号强国的美国从心底也开始厌倦日暮西山的欧洲历史主义。因此“艺术装饰风格”这种高度综合的全新形式，特别是这种形式恰好又完美符合分区法案的要求，就迅速被包括胡德在内的美国人所接受，成为 20 世纪二三十年代美国摩天楼最流行的设计风格。

17-6 纽约每日新闻大厦

在芝加哥论坛报大厦竞赛获胜之后，胡德很快转向“艺术装饰风格”。他于 1929 年设计的纽约每日新闻大厦（Daily News Building）与芝加哥论坛报大厦风格迥然不同。它有三个主要特征：简洁的体块代表现代主义；强劲的垂直肋条象征哥特精神——由于没有直接引入哥特符号，因而有“剥光的哥特式”之称；层退的阶梯状轮廓则恍若古埃及金字塔[1]或美洲玛雅神庙。

1941 年发行的明信片上的纽约每日新闻大厦

[1] 1922 年埃及图坦哈蒙法老墓室的发现重新燃起人们对古埃及文明的兴趣。

RCA 大厦于 1988 年起改称 GE 大厦（摄影：T. Schiller）

纽约洛克菲勒中心（Thomas 摄于 1948 年）

17–7

纽约洛克菲勒中心

胡德还作为首席建筑师主持了 1931 年开始的由洛克菲勒家族投资的纽约洛克菲勒中心（Rockefeller Center）的建设工作。这块基地原是准备建造大都会歌剧院，但由于空前规模的经济危机突然到来，计划被迫取消，转而建设以出版和传播业为主的商业中心。胡德负责设计其中最高大的美国无线电公司大厦（RCA Building），大厦 66 层，高 260 米，堪称是最完美的艺术装饰风格摩天楼。除此之外，由多位建筑师组成的联合设计小组还在整个 20 世纪 30 年代陆续设计建造了其他 13 座建筑，在大萧条的背景下，共同构筑了一座足以令美国人民为之振奋的城中之城。正如建筑家西萨·佩里（César Pelli，1926—2019）所称赞的，它们“自信、豪放和美丽，有如一个意志坚强的形象”[40]，与战云笼罩的垂暮欧洲形成鲜明对比。

17-8 纽约克莱斯勒大厦

20 世纪 30 年代美国艺术装饰风格摩天楼的最“高”代表是两座高度都超过埃菲尔铁塔的“摩天”大厦——纽约克莱斯勒大厦（Chrysler Building）和帝国大厦（Empire State Building）。由威廉·范·艾伦（William Van Alen，1883—1954）设计的克莱斯勒大厦于 1930 年 5 月落成。在大厦建造期间，为了与同时建造的曼哈顿信托银行大厦（Bank of Manhattan Trust Building，后来改称华尔街 40 号大厦）[㊀]竞夺纽约第一高楼称号，艾伦隐瞒了克莱斯勒大厦的真实设计方案。他对外宣称，大厦的设计高度将为 925 英尺（282 米）。当竞争对手于 1929 年 9 月兴冲冲地将自己的高度定格在 927 英尺（282.6 米），仅比克莱斯勒大厦所宣称的屋顶高 2 英尺（0.6 米）之后，艾伦亮出了绝招。他在大厦框架内部秘密组装好一座 30 多米高的尖塔，于 1929 年 10 月 23 日从大厦顶部“破茧”而出，只用 90 分钟就安装完毕，使其最终高度达到 1046 英尺（318.8 米），仅仅让对手开心了一个月的时间。

纽约克莱斯勒大厦俯瞰图（摄影：J. Hawkes）

纽约克莱斯勒大厦建设场景，左图摄于 1929 年 10 月 14 日，右图摄于 10 月 23 日

㊀ 这座大厦于 1995 年被一位著名的纽约地产商买下，并且用自己的名字命名为“Trump Building”。

17-9 纽约帝国大厦

纽约帝国大厦远眺

不过克莱斯勒大厦也没能得意太久。所谓“螳螂捕蝉，黄雀在后”。在领教了艾伦的伎俩后，同时期也正在建造的由什里夫·兰伯·哈蒙（Shreve，Lamb & Harmon）建筑事务所设计的帝国大厦见招拆招，不断变更设计方案，经过 15 次修改，将最初设计的 50 层逐步增加到 85 层，使其屋顶平台高度达到 1050 英尺（320 米），仅比克莱斯勒大厦的塔尖高出 1.2 米。为了彻底压倒对手，帝国大厦的开发商决定在屋顶上还要再建造一座 17 层高 200 英尺（61 米）的专门用于系泊飞艇的尖塔。1930 年 1 月 22 日帝国大厦开始地基挖掘，3 月 17 日开始大楼建造，以平均每周建造 4 层半，最快的时候 10 个工作日建造 14 层的惊人速度，仅仅用了 6 个月时间，到当年 9 月，帝国大厦塔尖就已经在 381 米高的空中竖立起来。1931 年 5 月 1 日，帝国大厦正式投入使用。

艺术装饰风格摩天楼的成功，为美国奠定了全面接受现代主义的心理基础。当约翰逊和希区柯克以“国际风格”的名义将欧洲现代主义介绍到美国的时候，当包豪斯被纳粹关闭，格罗皮乌斯和密斯先后渡海来到美国的时候，美国人已经做好了心理准备，并将以极大的兴趣来拥抱现代主义。当美国在第二次世界大战结束后成为西方世界唯一的超级大国的时候，现代主义已经在美国站稳了脚跟，并且即将反过来以美国为基地，以美国超强的实力为后盾，传播向整个世界，使之成为真正的“国际风格”。

第四部

国际风格

第十八章 现代主义的胜利

“现代主义意味着两种关键性的解放：一是从疾病和贫困中解放，二是政治解放。”

18-1 纽约联合国总部大厦

英国建筑评论家乔纳森·格兰西（Jonathan Glancey）说，“现代主义意味着两种关键性的解放：一是从疾病和贫困中解放，二是政治解放。”[41] 曾几何时，国际联盟还曾以“墨水不合规定”为由拒绝了勒·柯布西耶的现代主义㊀，但是当第二次世界大战硝烟散尽，一个全新的联合国组织建立起来的时候，现代主义已经成为告别旧时代迎来新纪元的不二选择。一个以美国建筑家华莱士·哈里森（Wallace Harrison，1895—1981）牵头㊁，由法国 / 瑞士建筑家勒·柯布西耶、苏联建筑家尼古拉·巴索夫（Nikolai Bassov）、英国建筑家华德·罗伯逊（Howard Robertson，

㊀ 1927 年勒·柯布西耶参加位于瑞士日内瓦的国际联盟总部设计竞赛。尽管他的方案在全部 337 份方案中被评为第 1 名，但国际联盟最终还是决定采用传统学院派新古典主义风格予以建造。

㊁ 位于纽约曼哈顿的联合国总部基地是由洛克菲勒家族赞助的。哈里森是洛克菲勒家族的建筑顾问，负责牵头组织该家族投资的各项建设，包括前述纽约洛克菲勒中心。

1888—1963）、中国建筑家梁思成（1901—1972）、比利时建筑家加斯顿·布伦福特（Gaston Brunfaut，1894—1974）、瑞典建筑家斯文·马克留斯（Sven Markelius，1889—1972）、加拿大建筑家欧内斯特·科米尔（Ernest Cormier，1885—1980）、巴西建筑家奥斯卡·尼迈耶（Oscar Niemeyer，1907—2012）、乌拉圭建筑家朱利奥·维拉马霍（Julio Villamajo，1894—1948）和澳大利亚建筑家盖尔·索留克斯（Gyle Soilleux）11位来自不同国家的建筑家所组成的设计

勒·柯布西耶（中）与梁思成（前排右二坐者）等各国建筑家在讨论纽约联合国总部大厦设计方案

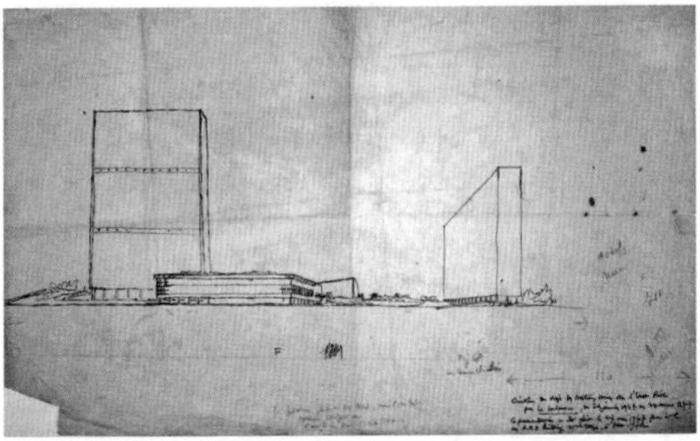

勒·柯布西耶的设计草图

纽约联合国总部大厦，背景可见帝国大厦与克莱斯勒大厦

团队聚集在纽约，共同协商联合国总部大厦（Headquarters of the United Nations）的设计思路。他们先后提出近 40 个设计方案。勒·柯布西耶虽然还是未能获得这项设计任务，但是最终所采用的建造方案显然是以他的构思为原型的。这座象征战后世界新秩序的建筑于 1948 年开工，1952 年建成。它就像一部宣言书，宣告现代主义作为民主和自由的象征战胜了象征集权和专制的历史主义。建筑历史翻开了新的一页。

1929 年，美国人约翰逊和希区柯克曾经受纽约现代艺术博物馆的委托访问欧洲的现代主义建筑。他们以美国式的观点将那些虽然是由不同国家的建筑家设计，但是看上去却如出一辙的现代主义建筑总结为“国际风格”。这个概括非常精确。从第二次世界大战结束开始，在世界范围的建筑舞台上，你就很难再看到具有不同地域、民族、国家、文化和地理特色的建筑了。飞机的问世使得建筑师可以不用再忍受地理条件的限制，随时前往地球上任何一个地方。这个舞台已经完全属于建筑师的个人表演。如果这位建筑师天赋过人，那么很幸运，他所驻留过的城市将会拥有带上他个人印记的建筑。但是假如这位建筑师天赋平平，那么我们就只好接受那些没有任何特征和美感的建筑。但是不管怎样，我们这些普通人都没有选择。如果一个生活在 19 世纪的人能够在 20 世纪下半叶复活的话，他将完全无法分辨他所处的区位。不论是在北欧还是在南美，不论是在东京还是在纽约，他所看到的建筑造型都没有区别。当然建筑的个体与个体之间还是有区别的，有的时候这种区别还不小，因为它们都是每一位建筑师个人的“艺术结晶”。不过这种区别只是个体间的区别，你满可以把这个个体打包装上飞机，然后运到你要去的任何地方把它放下。它会立刻就融入它早已无比熟悉亲切的环境中去，就像哪也没有去过一样。

这就是 20 世纪下半叶的建筑，一个国际风格的时代。

第十九章 国际风格时代的密斯

『精益求精比别出心裁更重要。』

19–1

芝加哥伊利诺伊理工学院

国际风格时代，对世界建筑影响最大的建筑家仍然是密斯和勒·柯布西耶。他们可以说分别是现代建筑国际风格时代两个最大流派——“机器派”和“表现派”的典型代表。机器派或者也可以叫作技术派（也有人称其为火柴盒派或鞋盒派，这主要看你从什么立场和什么心情来看待这样的建筑），它的主要特点是崇尚简洁的几何形式，往往以需要精密配合的玻璃幕墙为主要表现对象。表现派则可以看成是表现主义建筑思想的延续，以现代技术手段为自由造型服务。

先来看密斯。1938 年，密斯应美国芝加哥阿尔莫理工学院（Armour Institute of Technology，1940 年扩大后改名为伊利诺伊理工学院“Illinois Institute of Technology”）之邀担任该学院建筑系主任，同时担负起规划和建设学院新校园的任务。这项工作从 1939 年开始，一直持续到 1958 年他

芝加哥伊利诺伊理工学院校园规划（1947年）

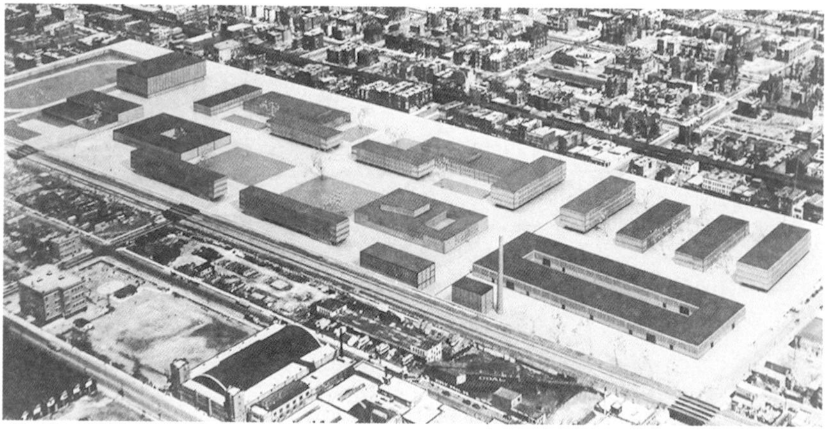

从学院退休为止。在总面积约 44.5 公顷的基地上，密斯严格遵照网格模数先后设计建造了 18 座建筑。在这些建筑的规划和设计中，他一改早年常用的非对称构图手法，而转向更具有纪念性的模数化和对称构图形式，或者简而言之“方盒子”。

密斯从来都不是纯粹的功能主义者。在伊利诺伊理工学院校园建筑的细部设计上，他细致推敲玻璃幕墙与钢梁柱结构体系相结合的表达方式（用他的说法是“皮与骨”的结合），将建筑技术和工艺升华到艺术的高度。这特别地体现在 1956 年建成的建筑系大楼——克朗厅（Crown Hall，用校园中的“皇冠”来形容这座建筑真是再恰当不过了）上。这是一座长 67 米、宽 37 米的方盒子建筑，由四榀巨大的钢梁将整个屋面结构悬挂于空中，内部空无一柱，甚至连横梁都不存在，空间布置获得了完全的自由。在立面处理上，密斯发明了一种独特的装饰手法，将工字钢整齐地贴在玻璃幕墙表面，看上去仿佛是古典神庙的结构柱廊，形成既具有高度技术与工艺

克朗厅正面夜景（摄影：C. Gaffer）

特征、又具有古典主义美学价值观的立面效果。这样一种细节设计所体现出的纪念性美学感受有效改变了现代主义在美国公众心目中廉价厂房的不良印象，对现代主义在美国的迅速传播无疑起着至关重要的作用。

克朗厅主入口（摄影：P. Sieger）

19-2 普拉诺的范斯沃斯住宅

范斯沃斯住宅外观（摄影：D. Mercer）

范斯沃斯住宅内景（摄影：Y. Efthymiadis）

密斯的建筑思想中有一个非常突出的特征就是“以不变应万变”，一种空间形式一经完善之后就可以用在任何场合和任何类型建筑中。1945 年，密斯在芝加哥以西的普拉诺（Plano）森林中为一位名叫伊迪丝·范斯沃斯（Edith Farnsworth）的女医生设计了一座乡村小住宅，但直到 1950 年才得以实际建造。这座住宅坐落在一片美丽的槭树林中，造型就像是一个缩小版的克朗厅，长 23.5 米、宽 8.5 米，8 根工字形钢柱从前后两侧紧贴在玻璃表面，仿佛施展了魔力一般使玻璃盒子从地面浮起。它的内部除了卫生间用隔墙封闭外，整个空间完全开敞，如同水晶般纯净透明，“让人一见脊柱就战栗”[42]184。

19-3 纽约西格拉姆大厦

纽约西格拉姆大厦（摄影：D. Guija）

1958 年建成的纽约西格拉姆大厦（Seagram Building），高 158 米。它的玻璃幕墙以及工字铜装饰柱（一共使用了 1500 吨青铜作为装饰）所展现出的完美细节——密斯说“上帝就在细节之中”——和无与伦比的高贵色泽至今仍然傲视曼哈顿全体摩天楼。这座大厦按照密斯的习惯直上直下，但是却在面向街道一侧留出一块空地形成小广场，以此回应 1916 纽约分区法案。这种做法有得有失。从好的方面说，纽约西格拉姆大厦前因退线形成的小广场让人在峡谷般的建筑群中获得一个喘息之地。但是它的退线做法减少了最适合商用的建筑底层面积，特别是由于密斯还让底层进一步架空，于是建筑临街商铺的功能几乎丧失殆尽，城市街道整体性也会大大削弱，结果可能得不偿失。

19-4 柏林新国家美术馆

密斯的最后一个项目是柏林新国家美术馆（Neue Nationalgalerie）。当他于 1962 年接受这项任务的时候已经卧病在床。1965 年动工典礼时，

柏林新国家美术馆（摄影：J. Carstensen）

密斯（Y. Karsh 摄于 1962 年）

他不得不坐着轮椅前来参加。而 1968 年的开幕仪式，他已经无法参加了。1969 年 8 月 17 日，比在哈佛大学任教的格罗皮乌斯去世晚一个月，83 岁的密斯·凡·德·罗在芝加哥去世，他被葬在沙利文的墓地旁。他的生前好友詹姆斯·约翰逊·斯威尼（James Johnson Sweeney，1900—1986）在克朗厅举行的纪念会上说："密斯建筑思想的特点是既丰富又简练，并且具有深度。他认为混凝土、钢和玻璃都是我们时代的材料，如果从这些材料出发，我们时代的形式就一定会发展。同时密斯强调的不仅是应用这些材料，而是要怎样应用这些材料……他一直没有忘记早年从他父亲那里学到的石头知识，对砖的形式、质地和砌筑的逻辑非常熟悉。正是在这种思想基础上，他建立了各种新材料的表现方法和技术措施，为一个时代创造了新的形式。同时，他还在圣奥古斯丁的思想启示下，奠定了自己的建筑创作法则，那就是纪律、秩序和形式。他认为在建筑中，这就是真理。美就是真理的光辉。"[36]68

第二十章 国际风格时代的勒·柯布西耶

“可是，我是从哪儿想出这一切来的呢？”

20-1 “模数人”

第二次世界大战期间，勒·柯布西耶一直留在法国。在“光辉城市”的主张找不到市场的时候，他就在家搞起了研究。1942 年起，他开始潜心研究人体模数，试图找到一种建立在数学公式和人体比例之间的模数关系，并能用以指导建筑设计。他以一个身高 1.83 米的“标准男子”为基准㊀，他称之为“模数人”（Modulor）。这个单词是他自己创造的，由“模块”（Module）与法语中的“黄金”（Or）组成。他发现，在这个“模数人”身上存在着令人惊诧的“黄金”模数：“模数人”舒适坐下时的臀高 0.27 米乘以黄金分割比 1.618 恰好等于正常坐姿时的臀高 0.43 米。㊁以这两个数为基准，会得到一系列有趣的数学关系：这个“模数人”坐

㊀ 勒·柯布西耶的身高是 1.75 米，他原本是以这个尺寸作为基准。1945 年第二次世界大战结束后，为了使之能够适应美国人的需要而调高到 1.83 米。

㊁ 本段中的数字都由勒·柯布西耶进行取整简化处理以便于理解应用。

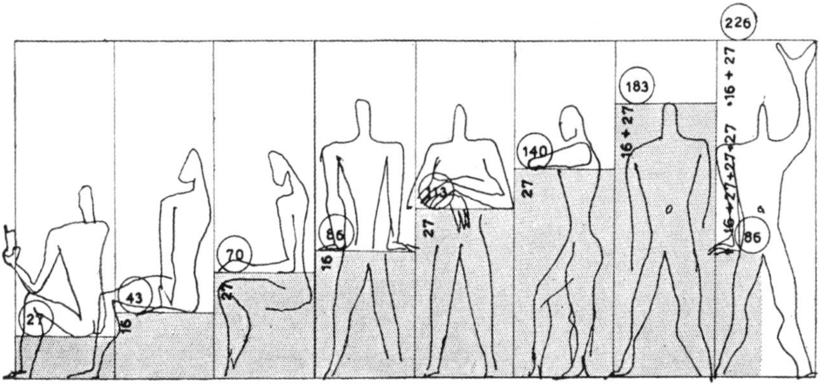

模数人

姿时的肘高 0.7 米等于（0.27+0.43）米，而 0.43+0.7=1.13（米）是“模数人”站立时的肘部平放高，0.7+1.13=1.83（米）就是身高。这一串数字恰好是按照斐波那契数列或称黄金分割数列进行排列的。此外，0.43 米的两倍 0.86 米是“模数人”站立手臂自然下垂时的手掌平放高，0.7 米的两倍 1.4 米是“模数人”站立时手臂向前平伸的高度，1.13 米的两倍 2.26 米又是“模数人”站立时的摸高，这几个数字同样也符合黄金分割数列关系。在这些数字的基础上，勒·柯布西耶又进一步细分，建立所谓的“红尺”和“蓝尺”模数。他期望能像古希腊时代那样，通过这些数字关系，创造一个人与建筑和谐相处的完美空间环境。

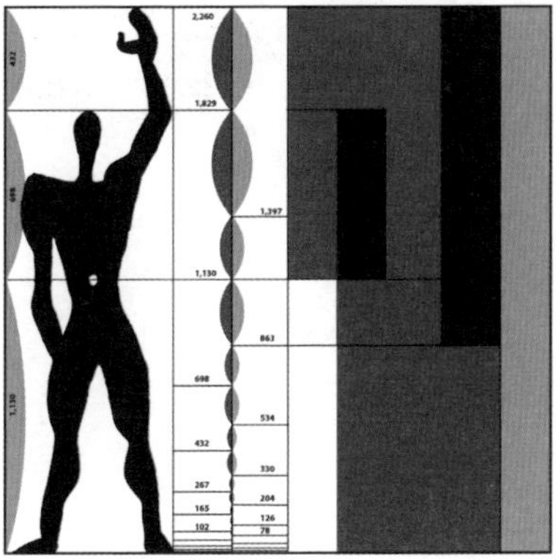

红蓝尺，本图数值与上图存在取整差异

20-2 马赛联合公寓

战争结束后，勒·柯布西耶终于得到机会去实现他的“光辉城市”梦想。法国重建与城市发展部部长拉乌尔·多特里（Raoul Dautry，1880—

马赛联合公寓外观

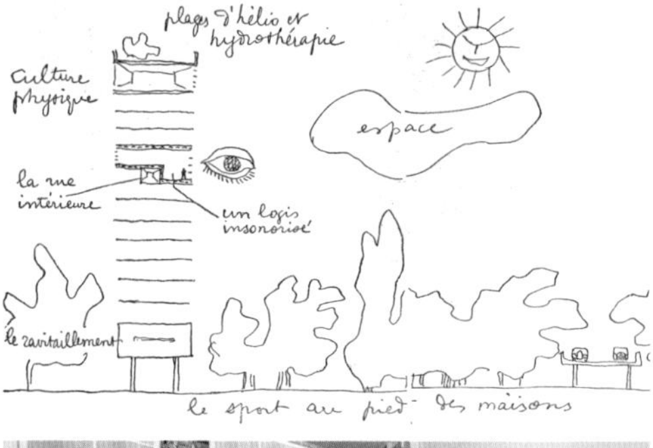

勒·柯布西耶手绘的马赛联合公寓概念图

马赛联合公寓居室内景

1951）找上门来，要求勒·柯布西耶为那些因为战争破坏而一无所有的人设计一种新型的大容量住宅。勒·柯布西耶接受了这个任务，他已经为此苦苦等待了25年。

1952年，这座勒·柯布西耶理想中的“联合公寓”（Unité d'habitation）在法国南部马赛落成。这是一座长165米、宽24米、高56米的18层大型钢筋混凝土建筑体，一共可以容纳337户共计1600名工人居住。它完全按照“新建筑五要点”和“不动产别墅”的精神建造。底部高高架起，可用于停车。居住用房设在第2~7层和10~18层，一共为各种家庭设计了23种户型，从最小的单身汉15.5平方米到10人大家庭的203平方米。其中最典型的户型为每户占用一层半空间，两户一共三层，共用位于中间层的一条公共通道，将空间利用率发挥到极致。所有房间的内部尺寸完全遵照“模数人”进行设计。第8、9两层内设有商店、餐馆、邮局、旅馆、药店、理发馆和洗衣房等各种公共服务设施，甚至还有一家电影院。屋顶则是空中花园，设有幼儿园、游泳池和健身房，以及一条 300 米长的环形跑道。

马赛联合公寓屋顶

马赛联合公寓立面局部（摄影：C. Emden）

在这座建筑的外观上，勒·柯布西耶采用了与早年很不相同的处理手法。从这时候起，他不再去追求那种机器般简洁、精致的纯粹主义设计效果，而是日益强调感性在设计中的作用，开始从“机器派”向“表现派”转变。对他来说，现代主义已经取得了应有的地位，应该是到了进一步发展的时候了。大楼的底部采用略显夸张的巨型牛腿柱，用悬臂的方式将硕大的楼房托举在空中。柱身表面是带有模板印迹的混凝土粗犷材质，不加任何修饰。立面的许多部位甚至还特别进行凿毛处理。这种做法以后被称为粗野主义（Brutalism），在 20 世纪五六十年代颇为流行。

这座马赛联合公寓是此前多少代有理想有社会责任心的艺术家梦想通过建筑和城市规划来努力改变不合理的社会结构的一个实践结晶，是勒·柯布西耶“光辉城市”蓝图中的一“节”。然而它并没有能够得到推广，马赛市只建了这么一座就不再建造。以后虽然在南特（Nantes）等少数法国城市和德国柏林陆续又建造了几座，但都是零星的，都没有形成规模，造价都远远超过他的预想，更不用谈其使用起来的舒适度以及与周围环境的关系等问题。艺术家的理想世界与普通百姓的现实生活之间似乎总是存在着一条鸿沟，但勒・柯布西耶看不见它，他心里只有理想。

20-3 朗香教堂

朗香教堂东南侧外观（摄影：Ben）

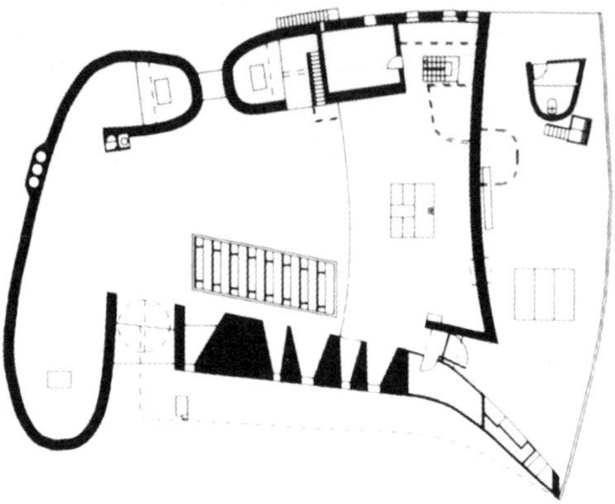

朗香教堂平面图

要论世界上最优美的现代建筑，排第一位的一定是朗香教堂（La Chapelle de Ronchamp）。在酷爱艺术的天主教神父玛丽-阿兰・库弟里埃（Marie-Alain Couturier，1897—1954）的极力敦促下，无神论的勒・柯布西耶于1950—1955年在法国东部森林中的一座小山上设计完成这件艺术杰作。它的平面呈现出罕见的自由曲线造型。虽然说曲线元素在勒・柯布西耶以往的设计中并不少见，但多是在规则柱网中用以表现平面分割的自由度，像这样完全的自由则从未有过。

教堂入口位于南侧，缩在一个粮仓式的塔楼和一堵倾斜且向内弯曲的墙体之间。南墙为内外双重框架形成，最宽的地方超过3米。窗洞被处理

朗香教堂内景，由西向东看（摄影：T. Hamatani）

成外小内大的形态，洞口均装有彩色玻璃，使内部充满扑朔迷离的神秘气氛。这道墙体没有直接接触屋顶，而是留出一道 40 厘米高的缝隙，使整个屋顶仿佛悬浮在空中。厚度超过 2 米的屋顶在教堂的南面和东面向外挑出，并向上卷起，由外向内自东向西倾斜，积聚的雨水通过西面一根向外突出的、双筒猎枪式的排水孔泄落到地面的卵形蓄水池中。教堂的东墙略微向内凹陷，墙上设有布道台。每到特殊的纪念日，成千上万的信徒会聚集在外面的草地上聆听布道。

这座朗香教堂是一座真正的“人与上帝对话”的地方，浑身上下都充满神秘的色彩。有人说它像一双合拢的手，有人说它像浮在水中的鸭子，有人说它像驶向彼岸的航船，有人说它像牧师的帽子，有人说它像窃窃私语的修士。它仿佛是一件天造之物，就算是勒·柯布西耶多年之后重游故地，也不由地感叹自问：“可是，我是从哪儿想出这一切来的呢？”[43]

朗香教堂西北侧外观

20-4 昌迪加尔

尼赫鲁（左）与勒·柯布西耶交谈

1951 年，勒·柯布西耶前往刚刚诞生不久的印度共和国，应印度总理贾瓦哈拉尔·尼赫鲁（Jawaharlal Nehru，1889—1964）之邀承担起为旁遮普邦（Punjab）新设立的首府昌迪加尔（Chandigarh）进行规划和主要建筑设计的任务。

旁遮普邦位于印度北部，是印度最重要的省份之一，是古印度文明的发源地。1947 年印巴分治，旁遮普邦被一分为二，原首府拉合尔（Lahore）被划入巴基斯坦。经尼赫鲁亲自挑选，昌迪加尔成为印度旁遮普邦的新首府。尼赫鲁决心让这座即将平地而起的新城作为印度摆脱英国殖民统治而迈入现代工业国家的象征，要求它“必须摆脱所有旧城和传统的羁绊”。[38]212他首先邀请在第二次世界大战期间曾经在驻印美军任职工程师的阿尔伯特·迈耶（Albert Mayer，1897—1981）进行城市规划。但在工作进行期间，由于主要助手在飞机失事中遇难，迈耶退出了这项工作。在法国新任重建与城市发展部部长、正在督建马赛“联合公寓”的欧仁·克劳迪乌斯-佩蒂特（Eugène Claudius-Petit，1907—1989）的推荐下，尼赫鲁最终选定勒·柯布西耶为新的昌迪加尔规划师。

这是勒·柯布西耶一生梦寐以求的工作，整整一座城市都将任由他的画笔来规划设计！这个规划完全按照他在十多年前就精心拟定的《雅典宪章》功能分区的原则和“光辉城市”精神进行。首先用宽阔的大道将全城划分成数十个长 1200 米、宽 800 米的超大街区，按从北向南、从西向东顺序编号命名为第 1 区、第 2 区……以此取代传统街区命名方式。其行政中心位于城市东北侧（这是迈耶规划时就确定下来的），工业区位于城市东南面，商务区集中于城市中心的第 17 区，其余部分全部作为居住区使用，

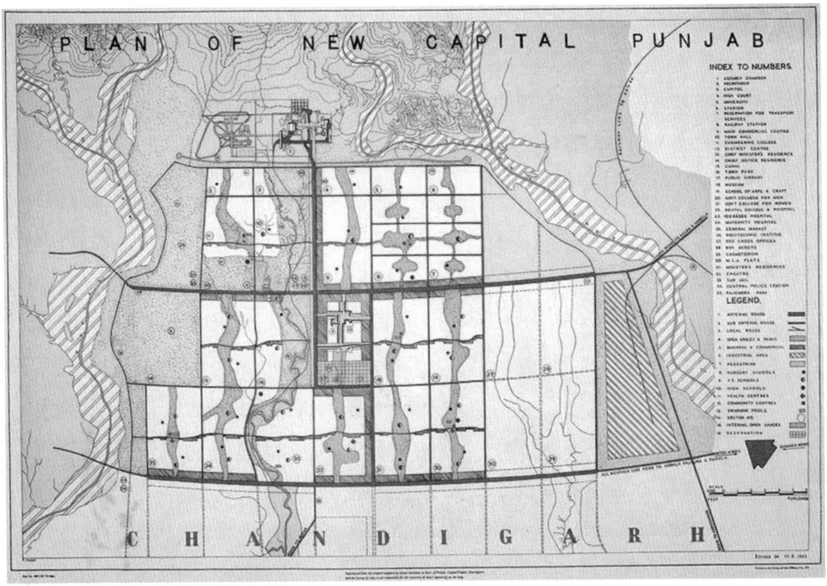

勒·柯布西耶制作的昌迪加尔城市规划图

昌迪加尔第18区（左）与第19区（右）鸟瞰图，远处为北方山区（摄影：K. Vir）

每个大街区的中央都有带状的城市公园。鉴于昌迪加尔是一座新城，人口密度远未达到巴黎的程度，勒·柯布西耶没有按照联合公寓的模式来设计住宅，而是回到早年提出的“雪铁龙”住宅和弗鲁格斯工人社区模式，将其设计成整齐排列的三层公寓。他制作了人手一份的城市使用说明书，要求每位市民都要知晓城市规划的基本理念，“自觉担当城市捍卫者的职责”，不得让城市成为随性而为的牺牲品。[38]227 要住在这样的“光辉城市”里，必须要有“喜爱”它的“精神面貌”才行。

勒·柯布西耶为最重要的行政中心设计了3座主要建筑：秘书处（Secretariat Building）、议会宫（Palace of Assembly）和高等法院正义宫（Palace of Justice），主轴线方向为西北—东南。其中作为政府工作人员使用的秘书处大楼位于轴线西北端，是一栋联合公寓风格的建筑，长约 250 米，底层架空，部分办公楼层采用跃层式设计，中央各层立面都有很深的遮阳板，顶部是空中花园。像朗香教堂一样，他在细节设计上使用隐喻手法，在天台和立面上重复出现具有地域文化特色的牛角状曲面造型。

昌迪加尔秘书处大楼，左侧突出部分为盘旋坡道（摄影：S. Bahga）

秘书处的东面是议会宫，它们不在同一条轴线上。议会宫的平面大致呈方形，朝向东南的正面入口上方覆盖着巨大的牛角形曲面壳，浇筑混凝土时留下的模板印痕清晰可辨。议会宫内部布列着规整的柱网，但分隔墙与楼梯的安排显然无视柱网的存在，体现自由平面的原则。尤其是圆形议会大厅设在中央偏东北侧的位置，故意偏离纵横主轴。议会大厅采用直立的弧面筒壳围合，筒壳向上穿出屋顶，具有浓郁的表现主义气息。

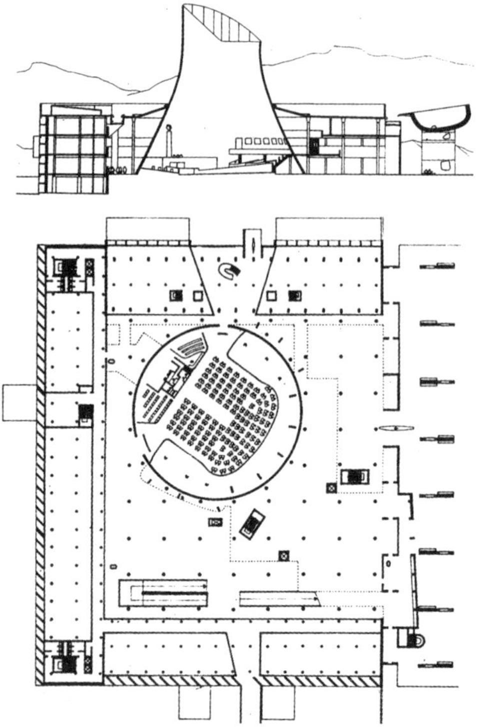
昌迪加尔议会宫剖面图和一层平面图

正义宫位于最东面，轴线进一步向东北偏移。它的主体部分呈长方形，主入口偏在一边，北侧为一个较大的高等法庭，南侧为 8 个普通法庭，屋顶由一系列连续的劈锥曲面覆盖。作为入口的 3 道混凝土墙体表面涂上象征印度国旗的 3 种颜色，

昌迪加尔正义宫外观（摄影：Nik）

其上开有大小不一的方形洞口。它们的后方是另一道屏风式的混凝土墙体，用以分隔后方的休息厅和图书室，墙体前后被残疾人通道式的斜坡盘旋环绕。这是勒·柯布西耶特别喜爱的一种上下层空间沟通流动的手段。

尽管世人对勒·柯布西耶的建筑有这样或那样的不同看法，但是他在昌迪加尔所表现出来的宏大构思，在朗香教堂所散发出的伟大艺术家的气质，足以使他与密斯并肩成为战后最引人瞩目的建筑家。特别是由于他偏爱使用相对于密斯在美国所推行的玻璃幕墙而言比较廉价的钢筋混凝土材料，这就使得他在亚洲、非洲和拉丁美洲的广大发展中国家拥有巨大影响力，为他们指出了一条费用低廉却可以直达发达文明的高速公路。

他曾说：“如果能够在大海中游泳时迎着太阳死去，那是多么美好的事啊！”1965 年 8 月 27 日上午，当太阳高挂在地中海上空时，正在游泳的勒·柯布西耶因心脏病突发去世，享年 78 岁。

勒·柯布西耶生前就为自己设计了墓碑造型

第二十一章 国际风格时代的赖特

“尊敬地对待建筑，无论是建一座鸡舍或是一座大教堂，价值在于质量。”

21-1 塔里埃森和西塔里埃森

从欧洲回国后，赖特的境遇并没有改善，仍然处于“被社会摒弃”[27]301的状态。1911年，赖特携切尼夫人离开已居住生活多年的伊利诺伊州，回到自己的老家威斯康星州，在斯普林格林（Spring Green）村旁的一座山丘不到山顶的地方重建家园。对于为什么不将房子建在山顶，赖特解释说：“没有一座房屋应凌驾于山丘之上，而是应该属于这座山丘。只有这样房屋才能与山丘共生而相得益彰。”[30]11 他用他母亲祖籍的威尔士语为之取名为“塔里埃森”（Taliesin），意思是“闪光的前额”，山的眉毛。

新的生活和熟悉的环境使赖特渐渐摆脱危机，事业逐步走上正轨。但是没过多久，一场巨大的灾难却猝然降临。1914年8月的一天，正当赖特外出的时候，一位偏激的男仆带着斧头袭击塔里埃森，切尼夫人和其他6人不幸失去生命，建筑也被纵火烧毁。赖特没有向命运屈服，他顽强地

塔里埃森住宅鸟瞰图（摄影：E. Peterson）

重建塔里埃森。1925 年大火第二次摧毁他的家园，他又再次予以重建。这座塔里埃森最终战胜了命运，成为赖特所拥有的不可攻陷的精神堡垒。

大萧条袭来之后，赖特萌生创办设计学校的想法，既可以培养人才，也可以开辟新的收入来源。1932 年 10 月，在他第三任妻子奥尔杰瓦娜（Olgivanna Lloyd Wright，1898—1985）的协助下，赖特的塔里埃森学校正式成立。他将附近一座原本为他姑妈修建的山坡寄宿学校改造为校舍，并增建了绘图室和小剧场。在办学思想方面，赖特与包豪斯一样都认为学校教育应该将艺术与技术结合起来，培养能够应对机器时代挑战的新型建筑设计人才。不过这所学校的教学方式与传统学校完全不同，学生不只是坐在教室里学习，他们还要亲自动手参加农场和果园的各项劳作，自食其力。赖特的教学辅导常常是在用餐、休息和闲谈时进行。

塔里埃森学校

西塔里埃森外观

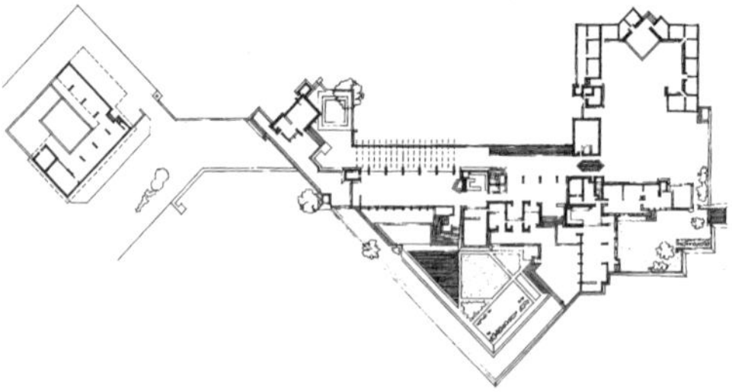

西塔里埃森平面图

由于威斯康星州冬季十分寒冷，影响学生日常必需的户外活动，于是赖特夫妇决心再开办一所冬季分校。他们看中了美国西南部亚利桑那州炎热的沙漠气候。1937 年，赖特和他的学生们一起动手在斯科兹代尔（Scottsdale）建造冬季营地，取名“西塔里埃森”（Taliesin West）。此后每到冬季，全体师生就会像候鸟一样从北方长途跋涉集体迁徙到温暖的南方过冬，直到新一年春天的到来。

赖特与学生在绘图室（摄于 1958 年）

尽管赖特的教学方法存在许多问题，然而他的光辉压倒了任何对他的质疑，学生们总是将他视为圣人顶礼膜拜，许多在赖特这里进修学习过的建筑师还是得到了在别处难以获得的宝贵经验。如同包豪斯一样，直到今天，两所塔里埃森学校仍是全世界年轻建筑学子和爱好者们心中的圣地。

21-2 流水别墅

西塔里埃森开始建设的 1937 年，赖特年满 70 岁。对于很多事业有成的人来说，70 岁是一个足可以告慰一生开始安享晚年的时候，但是对于赖特来说，他创作生涯的巅峰期才刚刚开始。就在这一年前后，他的两件杰作流水别墅和约翰逊制蜡公司办公楼相继问世。

1934 年，一位名叫小埃德加·考夫曼（Edgar Kaufmann Jr.，1910—1989）的青年加入赖特的塔里埃森学校。不久之后，他的父亲埃德加·乔纳斯·考夫曼（Edgar Jonas Kaufmann，1885—1955）前来探望儿子。在这里，老考夫曼与赖特一见如故，结为挚友。老考夫曼在宾夕法尼亚州西南部的熊跑溪（Bear Run）森林里拥有一块基地，他于当年 12 月邀请赖特前去勘察地形，随后应赖特的要求为他提供了标出每一石每一木的基地详图。这是一个堪称无与伦比的建筑基地——森林、溪水、瀑布、岩石，这是值得任何建筑师花一生的时间去等待的建筑基址。可是赖特拿到图纸后却一笔未动，直到 1935 年 9 月老考夫曼突然打电话给他表示要再次访问塔里埃森的那一天早晨，赖特才当着一群坐立不安的学生之面用两个小时的时

流水别墅彩色铅笔表现图

流水别墅内景

流水别墅近景

间将这座早已在他的脑海中生成并且日益清晰的、一个将生活场所融入溪流瀑布与森林之中的别墅构想画在了纸上。1937 年秋别墅建成，赖特为它取名“流水别墅”（Fallingwater）。他对老考夫曼先生说：“我希望您伴着瀑布生活而不只是观赏它，应使瀑布变成您生活中一个不可分离的部分。”

这座别墅总面积约 380 平方米，共三层高。赖特将一系列平台以不同标高和方向从峭壁挑出，使之漂浮在溪流瀑布之上。自然景观、水声和清风从房屋的每一个角落渗透进室内，穿过挑台，透进长窗，爬上悬梯，依附在洞穴般的石墙和地坪之上。

1963 年，小考夫曼把流水别墅捐献出来作为博物馆。他说：“流水别墅的美依然像它所配合的自然那样新鲜。它曾是一所绝妙的栖身之处，但又不仅如此。它是一件超越了一般含义的艺术品，住宅和基地一起构成了一种人类所希望的与自然结合、对等和融洽的形象。这是一件人类为自身所做的作品，不是由一个人为另一个人所做的。由于这样一种强烈的含义，它应是一个公众的财富，而不是私人拥有的珍品。”[31]22

21-3 拉辛的约翰逊制蜡公司办公楼

20 世纪 30 年代起，赖特日益关注由钢筋混凝土与玻璃这两种新型材料结合所营造出的不可思议的表现效果。1930 年他在普林斯顿大学的一次演讲中宣称：“玻璃具有完美的可见度。它的表面可以任意调节，使视觉能穿透到任何需要的深度，直至完美的境地。传统从未给我们留下使这种材料成为一种实现完美可见度的手段的任何指令，因之，水晶般的玻璃还没有能像诗歌一样进入建筑艺术的领域。……古代建筑师用阴影作为自己的‘画刷’，让现代建筑师用光线来进行创作吧。”[25]205

1936 年，赖特在威斯康星州的拉辛市（Racine）用“光线”为 S. C. 约翰逊制蜡公司（S. C. Johnson Wax，其中文名称现为庄臣公司）设计了一座奇异的办公楼。它的平面构思与早年的拉金大厦有相似之处，都是将主楼与辅楼分开，主楼也是采用走廊环绕的天井式布局，主入口依然是退入主楼与辅楼之间的过街楼下。但相似之处也就仅此为止。这座办公楼最鲜明的特点在于它极为特殊的结构以及梦幻般的采光系统。它那宽大的办公空间顶部由数十根钢筋混凝土“蘑菇柱”支撑 。这些柱子上粗下细，底部直径 0.23 米、顶部直径 0.45 米、高 6 米，柱顶是直径 5.4 米的睡莲状顶盘。圆盘间的空隙满布玻璃管。人在屋中抬头上望，阳光在玻璃管的折射下变幻闪耀，“一如水池底下的鱼儿在仰望”。这种戏剧性做法也被应用在外墙的采光窗上，由总长 34 公里的玻璃管密集排列形成的“玻璃窗”只能

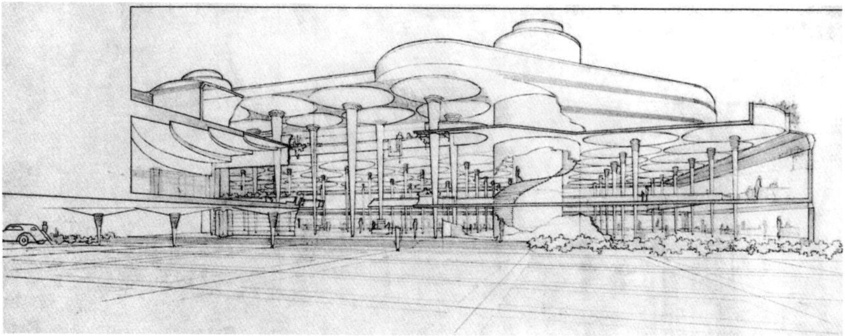

约翰逊制蜡公司办公楼剖切透视图

约翰逊制蜡公司办公楼内景，家具也是由赖特设计（摄影：A. Pielage）

1950年增建的约翰逊制蜡公司试验塔，同样采用玻璃管作为采光窗

透光，但却不能透见外部景色，在房间里工作的人完全处于与世隔绝的封闭状态。与拉金大厦一样，这是赖特构筑神圣工作场所和反城市思想的一以贯之的阐释。

这座约翰逊制蜡公司办公楼建成后的头两天，慕名前来参观的就有3万人之多。虽然它的造价比预期的高出一倍以上，但是公司愿意承担这种“奢侈”。吉迪恩认为：“关键乃是我们认为什么是奢侈。奢侈并不仅是材料的浪费，而是只有在借新发现而扩展我们的情感经验时才具有意义。只有很少数的建筑师能达成这一点。赖特在此借银色光线与形式的可塑性达成新的空间感觉。没有这种感觉便不能有建筑的构想。经过半个世纪的建筑工作后，赖特告诉我们，奢侈在建筑上仍有其可创造之处。”[27]298

21-4 纽约古根海姆博物馆

1959 年 4 月 9 日，赖特以 92 岁高龄去世，只差半年，未能亲眼见到他一生中最后一件伟大作品——纽约古根海姆博物馆问世。

赖特在 1943 年 76 岁时，接受艺术收藏家所罗门·罗伯特·古根海姆（Solomon Robert Guggenheim，1861—1949）和他的艺术顾问希拉·冯·瑞贝（Hilla von Rebay，1890—1967）的邀请，对这座位于第五大道面向中央公园的私人收藏品博物馆进行设计。瑞贝女士深信赖特一定能够建造出与博物馆收藏的前卫艺术品形象一致的“完全不属于我们尘世中所认知的任何事物或主题，仅是节奏性的色彩和造型所构成的美感，纯粹为了艺术而艺术”的一座“精神的殿堂，不朽的纪念碑。”[44] 由于战争以及古根海姆去世等影响，博物馆一直到 1956 年才开始动工，期间赖特先后提出 6 套方案，画了 749 张图纸。最后建成的博物馆完全符合业主的期望。

纽约古根海姆博物馆外观（摄影：D. Heald）

纽约古根海姆博物馆穹顶仰望（摄影：M. Hasson）

这座 1959 年 10 月建成开幕的古根海姆博物馆就像是一个外星人的飞碟，降落在充斥着直线条和方盒子摩天楼的曼哈顿地理位置的正中心。足足有 400 米长的展廊仿佛受到一股来自上方的神圣力量——又是来自上方——的牵引，盘旋上升，仿佛要冲破穹顶而直上云霄。

至此为止，本书对赖特的介绍已经跨越两章了。与模仿密斯相比，要想模仿赖特的风格是很困难的。他的许多杰作都是极端个人的，这既是他的问题所在，又是他的杰出所在。他的流动空间概念与有机建筑思想极大地启发了后人，而极致的个性表现也为现代主义建筑抹上了流光溢彩的一笔。

当有人问赖特给一位刚进入建筑艺术领域的年轻人什么建议的时候，赖特没有忘记他早年的“惨痛”失败。他说：“医师可以‘埋葬’他的错误，但是建筑师只能劝说业主多种些葡萄藤来遮盖吧。”他告诫年轻人：“要尊敬地对待建筑，无论是建一座鸡舍或是一座大教堂，都应该感到满意。价值在于质量。”[30]248

第二十二章 国际风格时代的美国建筑名家㊀

『如果你认为它与其他建筑没什么两样，那正是因为世界上其他建筑都像它一样。』

22-1 SOM 建筑设计事务所

从西格拉姆大厦前广场望向利华大厦（摄影：M. Touhey）

1936 年在芝加哥成立的 SOM 建筑事务所（Skidmore，Owings & Merrill）是世界上最大的建筑事务所之一，一直以来都很好地保持团队运作的组织方式，业务质量长盛不衰。该公司早期最有名的项目是 1952 年建成的纽约利华大厦（Lever House），它是

㊀ 本章所谓“美国建筑名家”是指其个人或所效力的建筑事务所设在美国的建筑家，第二十三章所谓“世界建筑名家”则是指其个人或所效力的建筑事务所设在美国以外国家的建筑家。

20世纪最有影响的建筑之一。英国建筑评论家乔纳森·格兰西风趣地指出，如果你认为它与其他办公楼没什么两样，那正是因为世界上其他办公楼都像它一样。[42]190

这座大厦是由SOM的合伙人戈登·邦夏（Gordon Bunshaft，1909—1990）设计，先于就在它斜对面的西格拉姆大厦而成为世界上第一座全玻璃幕墙大楼，为密斯风格的流行开了先河。不过它与密斯摩天楼有一定区别。首先，它的玻璃幕墙并不像密斯那样去强调所谓的“结构框架”，而是在建筑表面形成一层丝网般精致的薄膜。其次，它建有一个横向伸展、底部架空的裙房，中央围合的广场向公众开放。也许就建筑造型本身而言，这种裙房多少有累赘之感，特别是与对面的西格拉姆大厦相比就更加明显，但它对城市街道墙和街道氛围的形成是有很大作用的。

利华大厦的成功为SOM建筑事务所树立了摩天楼领域的标杆地位。他们在世界各地设计建造了大量摩天楼，其中不乏有影响力的作品。1973年建成的芝加哥西尔斯大厦（Sears Tower，2009年改称威利斯大厦“Willis Tower”）高443米，110层，保持世界第一高楼纪录达25年之久。它的设计者是秘鲁出生的建筑家布鲁斯·格雷厄姆（Bruce Graham，1925—2010）和孟加拉国出生的结构工程师法兹勒·拉赫曼·汗（Fazlur Rahman Khan，1929—1982）。大楼采用拉赫曼·汗创新的束筒结构，由9个相同大小的正方形结构筒体集合而成，其中7个筒体分别在第50层、第66层和第90层收束，只有两个筒体

西尔斯大厦

达到最高高度。在大厦建造期间，附近居民曾经提出诉讼，指责大厦过高的高度会影响居民接收电视信号进而导致房产贬值。法院驳回了诉讼请求。法官指出，原告无权获得不受任何干扰的电视接收。生活在城市中的居民，在享受城市所带来的便利同时，必然要承受某些方面的不便。十全十美的东西是不存在的。

1998 年建成的中国大陆第一座高度超过 400 米的超级摩天楼上海浦东金茂大厦由 SOM 建筑事务所的阿德里安·史密斯（Adrian Smith，1944—）设计，高 420 米，88 层。外形创意来源于中国古代密檐塔，具有后现代主义特征。

中间为上海金茂大厦。左为美国 KPF 设计的上海环球金融中心大厦，2008 年建成，有 101 层，高 492 米。右为美国 Gensler 设计的上海中心大厦，2015 年建成，有 128 层，高 632 米

“梦想没有极限。”阿拉伯联合酋长国中的迪拜酋长国酋长穆罕默德·本·拉希德·阿勒马克图姆（Mohammed bin Rashid Al Maktoum，1949—）这样对他的臣民说。2009 年封顶的、由史密斯与结构工程师威廉·弗雷泽·贝克（William Frazier Baker，1953—）合作设计的 162 层迪拜哈利法塔（Burj Khalifa）囊括了当今世界所有人造建筑物的高度纪录。它于 2004 年 9 月 21 日动工兴建，2007 年 1 月超越西尔斯大厦屋顶所保持的世界最高楼面层纪录；2007 年 7 月超越台北 101 大厦（高 509 米，建成于 2004 年），成为世界最高摩天楼；2007 年 9 月超越加拿大多伦多电

迪拜哈利法塔（摄影：A. Sharif）

视塔（CN Tower，高 553 米，建成于 1976 年），成为可以独立竖立的最高建筑；2008 年 4 月超越美国北达科他州布兰查德（Blanchard）的电视发射架（KVLY-TV Mast，高 629 米，建成于 1963 年，需要用缆索牵引平衡），成为现存人类建造的最高结构物；2008 年 9 月超越于 1991 年倒塌的波兰华沙无线电发射架（Warsaw Radio Mast，高 646 米，建成于 1974 年），成为人类有史以来建造过的最高人造物；2009 年 1 月，哈利法塔高度定格在 828 米（不计塔尖的屋顶高度为 584 米）。

迪拜哈利法塔不是终结者。也是由 SOM 史密斯设计的沙特阿拉伯吉达塔（Jeddah Tower）目前正在建设[1]，原本计划要建到 1 英里[2]高，但后来缩水到 1 公里。截止笔者写作的时候，该塔工程进展不太如意。

在非摩天楼领域，SOM 也不乏精彩之作，比如 1963 年建成的耶鲁大学拜内克古籍善本图书馆

[1] 1999 年，一位欧洲银行分析师安德鲁·劳伦斯（Andrew Lawrence）注意到一个有趣的现象：1907 年，第一座高度超过 200 米的纽约大都会人寿保险公司大厦开工建造，当年 10 月美国爆发金融危机。1929 年 10 月 23 日，克莱斯勒大厦创造 318.8 米的世界纪录，第二天，华尔街股市崩盘，美国陷入大萧条。1973 年 5 月西尔斯大厦建成，10 月中东石油危机爆发。1996 年吉隆坡双子楼以 452 米创造新的世界纪录，第二年亚洲金融危机爆发。劳伦斯将这种现象戏称为“摩天楼指数”（Skyscraper Index）。进入 21 世纪，这个指数还在继续。2007 年 9 月正当迪拜塔成为世界最高建筑之时，次贷风暴狂扫美国。然后就是原定2020 年建成的吉达塔……

[2] 1 英里 =1.609 公里。

（Beinecke Rare Book and Manuscript Library），由本沙夫特设计。它的地上建筑外形是一个仅靠四角柱墩支撑的悬空大盒子，长 39.6 米、宽 26.2 米、高 17.7 米，外部结构为花岗石包裹的空腹桁架（Vierendeel Truss），柱子和梁的中部根据受力分析而明显收窄，与传统结构造型大相径庭。桁架格间镶嵌着 3.2 厘米厚的白色大理石，这样的厚度既具有一定强度，同时又恰好可以使阳光透过，为室内大厅蒙上一层神秘而温暖的气氛，犹如首饰盒般精致和珍贵。

拜内克古籍善本图书馆外观

拜内克古籍善本图书馆内景（摄影：G. Klack）

22-2 贝聿铭

贝聿铭（1917—2019）是杰出的华裔现代主义建筑家。他于 1935 年前往美国求学。在麻省理工学院建筑工程系毕业后，1944 年又进入由格罗皮乌斯和布鲁尔任教的哈佛大学设计研究生院攻读。但是就像当时的许多年轻建筑学子一样，他对密斯和勒·柯布西耶似乎更加入迷。

贝聿铭（摄于 1965 年）

波士顿约翰·汉考克大厦（摄影：W. Kunz）

在玻璃幕墙方面，贝聿铭最出色的作品是1968年开工的波士顿约翰·汉考克大厦（John Hancock Tower），将玻璃幕墙的表现力推上了顶峰。由于采用镜面玻璃，加之钢骨架在视觉上的分量被减到了最低限度，因而整栋建筑变成一面完整的大镜子，在反射变幻的云彩和周围建筑的同时，仿佛从城市中“消失”了，只有当人们注意到由一条240米高的三角形凹槽（这是密斯在1921年柏林腓特烈大街高层办公楼竞赛方案中提出的建议）所产生的特别反射时才会“发现”它的存在。这种戏剧性的表现效果更因为特别的平行四边形平面所产生的锐角变化而得以加强。

这座奠定了贝聿铭世界级建筑大师地位的建筑差一点就成为他的“滑铁卢”。1973年1月20日夜晚，波士顿遭遇一场风暴。第二天早晨人们一觉醒来，惊讶地发现即将竣工的约翰·汉考克大厦已经是一片狼藉，大约三分之一的玻璃窗从大厦坠落。由于当事人之间达成了严格的保密协议，事故真相已经很难厘清。俗话说，吃一堑长一智。无论如何，在仔细查找事故原因，并加以针对性的改进之后，贝聿铭以及这座大厦都挺过了这场严峻的挑战，迄今依然傲立在波士顿的天际线上。

1935年，勒·柯布西耶应邀访问美国，在欢迎他的学生队伍中就有刚刚入学麻省理工学院的贝聿铭。贝聿铭十分喜爱勒·柯布西耶利用混凝土实现雕塑般的造型表现。1960—1965 年，他在纽约曼哈顿东部以马赛联合公寓为样板建造了两座混凝土住宅大楼——基普斯湾高层住宅（Kips Bay Towers），在细节表现上则是向密斯的芝加哥湖滨公寓看齐，精雕细琢的混凝土网格使建筑的形式感格外强烈。1964 年，贝聿铭又用同样的手法在费城社会岭建造了 3 栋公寓楼（Society Hill Towers）。这两个项目都是当时美国许多城市兴起的清除贫民窟运动（Slum Clearance）的产物。

即将竣工的纽约基普斯湾高层住宅（摄于 1964 年）

费城社会岭公寓

华盛顿国家美术馆东馆（摄影：H. Thomson）

1978 年建成的华盛顿国家美术馆东馆（East Building of the National Gallery of Art），被建筑界誉为是美国最杰出的现代建筑之一。它的平面采用直角梯形以适应基地特征，一条斜缝将它一分为二：一个是顶角 38° 的等腰三角形，中心线与老馆东西轴线重合；另一个是带有 19° 锐角的直角三角形。以这几条斜线为基准，再将各个部分进行切割划分，平面构成意味十足。外观上也是强调简洁的体块特征，具有强烈的现代雕塑感。

22-3 保罗·马文·鲁道夫

鲁道夫，背景为其设计的耶鲁大学艺术与建筑大楼墙面

同样曾在哈佛大学建筑系格罗皮乌斯和布鲁尔指导下攻读研究生的保罗·马文·鲁道夫（Paul Marvin Rudolph，1918—1997）也是美国第二代现代主义建筑家中的佼佼者。他是所谓“粗野主义”的代表人物之一，他的建筑以粗犷有力的结构表现和几何体块的简洁造型见长。

1958年，鲁道夫受邀担任耶鲁大学建筑系主任。对于身份的转换，他说：“作为一个建筑师，我差不多是一个最固执的家伙。但是作为教师，你得有许多不同的观点，试着从各个方面去看学生的作品。我从中学到的比学生要多。”[45]181 除了教学，他还为耶鲁大学设计了艺术与建筑大楼（Yale Art and Architecture Building），复杂的体块交错和粗凿的混凝土表面，使其成为粗野主义的经典之作。

耶鲁大学艺术与建筑大楼

22-4 国际风格时代的菲利普·约翰逊

约翰逊（摄于1963年）

菲利普·约翰逊（Philip Johnson，1906—2005）是1979年设立的普利兹克建筑奖的第一位得主。他早年在哈佛大学学习历史，在学期间曾数次前往欧洲和埃及旅游。当看到一切都毁灭而只有建筑永存时，他对建筑产生了浓厚的兴趣。1930年，约翰逊进入刚成立的纽约现代艺术博物馆担任建筑部负责人，并受博物馆委托与亨利-罗素·希区柯克一同前往欧洲考察现代建筑。他参观了几乎每一座现代建筑，对之极感兴趣，赞之为“伟大的救世灵药”，是“自哥特风格以来头一个真正的风格。”[46]4 1932年，他牵头组织纽约现代建筑展览会，积极向美国公众宣传现代建筑。他还与希区柯克合写了《国际风格：1922年以来的建筑》，使欧洲现代主义建筑在美国闻名遐迩，并使“国际风格”一词从此成为现代建筑的代名词。1939年，他再次进入哈佛大学，在仅比他大4岁的布鲁尔指导下学习建筑，并获得硕士学位。

就像那时候众多美国建筑学子一样，约翰逊显然对密斯的风格更为推崇。这一点尤其体现在他于1949年在康涅狄格州新迦南（New Canaan）为自己建造的玻璃住宅上，甚至家具也全是密斯的。尽管密斯对模仿自己的约翰逊玻璃屋很不以为然，但他仍然邀请约翰逊作为主要助手参与纽约西格拉姆大厦的设计工作。

约翰逊玻璃屋外观

约翰逊玻璃屋内景（摄影：S. Garcia）

20 世纪 50 年代后期起，约翰逊在一些建筑设计和言论中开始有意远离密斯风格而塑造自己的个性。他是一个渴望变化的人，希望获得真正的“自由”，没有任何信念约束的“自由”。但他始终牢记密斯的教诲：“与其求新，不如求好。”为了“求好”，他转向了曾被现代主义视为公敌的历史风格，原因很简单，早在爱上建筑之前，他就已经是一位历史学家了。不过这时的他并不是要去复古，他说：“确实，我们不会再按哥特式或文艺复兴式来建造房屋，但我们至少不反对从中受到启发。”[46] 前言 3

芒森 - 威廉姆斯 - 普罗克特学会艺术博物馆外观

芒森 - 威廉姆斯 - 普罗克特学会艺术博物馆内景

1960 年建造的纽约州犹迪卡（Utica）的芒森 - 威廉姆斯 - 普罗克特学会艺术博物馆（Munson-Williams-Proctor Institute Museum of Art Building）从外观上看，灵感显然来自密斯的克朗厅，不过是用表面石材替代了玻璃幕墙。主要的变化发生在内部。密斯是自由空间主义者，以不变应万变，从不把空间限定死。而这座博物馆的内部布局却是完全遵从轴线对称这个古老的原则，巴洛克式的双折楼梯占据了大厅的主要视线。这样的做法显然与功能或使用无关，只是为了满足形式的要求。对此，约翰逊振振有词地说：“形式总是追随形式而非功能。非效用的东西往往是最美的。谁能去使用帕提农呢？”[46]11

1964 年建成的纽约州立剧院（New York State Theater，*现改名大卫·科赫剧院“David Koch Theater”*）不论立面设计还是平面布局都具有浓郁的古典气息。我们只要将其与几乎同时期阿尔瓦·阿尔托设计的德国埃森剧院（*参见本书第 218 页*）做一个比较，就可以看出约翰逊对古典风格的回归有多深了。但这并不仅仅是他一个人的表演。

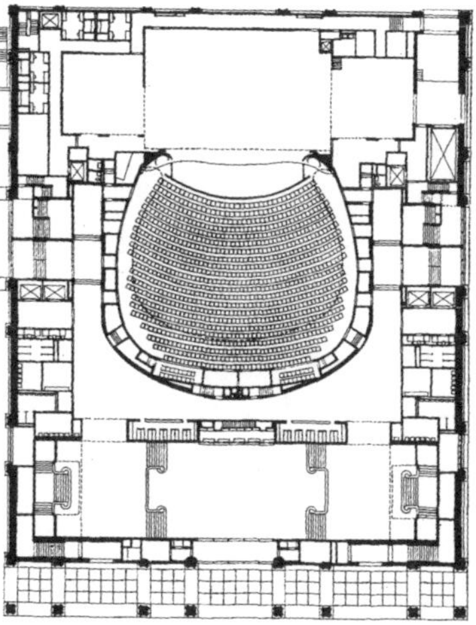

纽约州立剧院平面图

这座州立剧院是 1960 开始建设的纽约林肯表演艺术中心（Lincoln Center for the Performing Arts）的一个重要组成部分。这个耗资巨大的工程主要由洛克菲勒家族提供资助，一共包括 30 个室内外表演设施，每年大约有 500 万人次的观众到此欣赏演出。工程由洛克菲勒家族的建筑顾问华莱士・哈里森任总建筑师，包括 SOM 的本沙夫特、埃罗・沙里宁和约翰逊在内的众多知名建筑家分别负责各个项目的设计，其中由约翰逊设计的 2586 个座位的纽约州立剧院、哈里森设计的 3900 个座位的大都会歌剧院（Metropolitan Opera House）和马克斯・阿布拉莫维茨（Max Abramovitz，1908—2004）设计的 2738 个座位的爱乐厅（Philharmonic Hall，现改名大卫・格芬音乐厅“David Geffen Hall”）围绕着面向哥伦布大道的广场布置。这些建筑与约翰逊的设计一样，都采用有别于正统国际风格的外观造型和平面布局，具有浓郁的古典主义美学韵味，有所谓“新形式主义”（Neo-Formalism）之称。

林肯中心（摄影：S. Layda）左为州立剧院，中为大都会歌剧院，右为爱乐厅

差不多就在林肯中心建造的 40 年前，德国维森豪夫居住建筑展览会上曾经汇聚了众多知名建筑家，他们的作品所具有的共同特征打动了来访的约翰逊，他给它们取名为“国际风格”。而这一次，在纽约的林肯中心，同样也汇聚了一批当代最优秀的建筑家，他们的设计也同样有异曲同工之妙。不过，以约翰逊为代表的新一代建筑家们的追求显然与他们的前辈不一样了。从前，以格罗皮乌斯、勒·柯布西耶等为代表的老一代建筑家们将功能上的满足视为评价建筑的主要依据，掀起了建筑历史上一次划时代的变革。可是时过境迁，当物质和生理上的需求已经不再成为问题的时候，曾经一度被视为“罪恶”的精神和心理上的追求就重新占据上风。对于生活在 20 世纪 60 年代的约翰逊这一代人来说，“一幢建筑仅仅是能适用，那是很不够的。”[46]132 就林肯中心而言，“创造一个人们乐于进去的空间，较之使更多的人接近舞台要更为重要。”[46]167 另一方面，与维森豪夫各座建筑各自为政互不联络相比，林肯中心的各座建筑之间具有相对较为密切的有机联系，特别是州立剧院、大都会歌剧院与爱乐厅之间互相协调，围合出一座传统意义上的广场。新一代的建筑家们，或者至少是其中的一部分，已经开始意识到有必要将自身投入到城市街道和广场生活的氛围中，使自己更多的是作为城市的一员出现，而不仅仅是争奇斗艳。国际风格的大厦已经开始动摇，一个多元化的时代，一个形式重新征服建筑的时代不久就要到来。

关于这组建筑，还有一个值得一提的地方，那就是它的停车系统。在它的中心广场下面只设计了 800 个停车位，远远不足以为每天数以万计的游客和工作人员提供服务。[47] 这不是规划者的疏忽大意，恰恰是他们有意而为之。他们“迫使”大部分驾车而来的观众不得不把车辆停靠在附近的街区。通过这种方式，一是避免了现代大型公共建筑四周被停车场环绕从而极大破坏城市街区完整性和连续性的乱象；二是通过分散停车位和延长到达车位时间，很大程度上可以缓解大型活动结束后人们集中离开时所出现的交通拥堵程度；还有最重要的一点，通过这样的安排，观众在往来停车位与音乐厅的短暂路途中，有可能会被路边的商店和餐馆所吸引并进行“计划外的”消费，这样一来，音乐厅就不仅仅只是一个听音乐的场所，更是能够真正成为带动周边地区整体繁荣的发动机。

22-5 山崎实

山崎实（左）和他的工作团队

山崎实（Minoru Yamasaki，1912—1986）是美国出生的第二代日本移民，1962年成为原纽约世界贸易中心（World Trade Center）双子楼的首席建筑师。1970年12月，双子楼中的北塔建成，高417米，成为第一座超过400米的超级摩天楼。1971年7月南塔建成，高415米。这两座摩天楼采用对角布置，大楼边长都是63.5米，采用结构工程师法兹鲁尔·拉赫曼·汗开创的筒中筒式结构，主要使用空间完全开敞没有结构柱，除内部核心区筒体结构之外，在外围由多达236根密排的方管形钢柱形成外筒，以抵御侧向荷载造成的剪切变形。这些柱子净间距只有46厘米，还没有柱子宽，如此一来，外墙上的玻璃面积只占到表面积的40%左右，与其他玻璃幕墙摩天楼有很大差别。大楼立面柱子的细节处理具有哥特特征，也是属于“新形式主义”风格。柱子表面覆以银色铝板，在不同气象条件下变幻出不同的光色，真如同神话传说中的琼楼玉宇一般。

原纽约世贸中心双子塔，画面右侧尖顶大楼为伍尔沃斯大厦，左侧被遮挡的绿色尖顶大楼为华尔街40号大厦

197

2001年9月11日，10名极端主义恐怖分子劫持两架民航客机撞击纽约世贸中心。两座大楼先后倒塌，2339位平民（含客机上的147名乘客和机组人员）以及414名消防和执法人员不幸在此遇难。

2014年11月，在原双子塔遗址的边上，由SOM建筑事务所的大卫·柴尔德斯（David Childs，1941—）设计的新世贸中心一号楼完成重建。其建筑主体底部宽度与原世贸中心相同，逐渐向上倒角为菱形，屋顶高度也仍然是417米（屋顶上另设一天线，总高541米，即1776英尺，以此纪念《美国独立宣言》签署年）。

左侧最高建筑为新世贸中心一号楼

由山崎实设计的西北国民人寿保险公司大楼（摄影：M. Sheff）

山崎实是较早对国际风格泛滥后出现的千人一面、漠视历史和地方文化传统的弊病提出批评的建筑家之一。他反对粗野主义表现出来的所谓“纪念性”，他认为不应忽视历史上优秀建筑所体现出来的优美比例、精致细部和高贵气质，主张今日的建筑应更多地表现“爱、温存、喜悦、宁静、美丽、希望和作为一个人的独立自主。”[45]132 但他也并不希望完全回到古代，而是必须忠于“今日的结构技术”和“结构表现”，对古代遗产采用“借鉴”的态度，而不是照搬照抄。他的作品可以说是一种基于古代传统之上的创造。

22-6 路易·康

路易·康（摄影：E. Christelow）

出生在爱沙尼亚犹太家庭的路易·康（Louis Kahn，1901—1974）5 岁时随父母移民美国。他于 1920 年进入宾夕法尼亚大学建筑系学习，接受传统建筑教育，这对他日后的发展走向有重大的影响。路易·康是典型的“大器晚成”建筑家，直到 50 岁的时候才有第一件引人瞩目的作品得以诞生。与同时代大多数著名建筑家相比，他的巅峰时代极为短暂，前后仅 20 多年时间，实际建造的作品也不算多，但这丝毫没有妨碍他被后人视为可与赖特并肩的 20 世纪美国最有影响的建筑大师。

1947 年，路易·康被耶鲁大学聘为建筑系教授。4 年后，由于他的前搭档、时任耶鲁大学建筑系主任乔治·豪（George Howe，1886—1955）的推荐，路易·康获得耶鲁大学美术馆（Yale University Art Gallery）扩建工程的设计任务。这是 1951—1963 年担任耶鲁大学校长的艾尔弗雷德·惠特尼·格里斯沃德（Alfred Whitney Griswold，1906—1963）校园建设计划的第一个项目。任职期间，格里斯沃德先后聘请多位优秀现代建筑家为古色古香的耶鲁校园增添新成员，我们此前介绍过的 SOM 本沙夫特设计的拜内克古籍善本图书馆、鲁道夫设计的艺术和建筑大楼以及下文介绍的小沙里宁设计的冰球馆等都是格里斯沃德计划的一部分。

作为耶鲁大学校园内的第一座现代建筑，路易·康小心翼翼地在与旁边中古风格的老美术馆相邻的主立面上使用砖墙以求保持协调。而在其他方向的立面上，路易·康大胆突破耶鲁传统，使用大面积玻璃幕墙，呈现现代建筑应有之风貌。在建筑的平面布局方面，路易·康没有采用其他现代主义建筑家惯用的自由平面，而是采用严谨的轴线构图。路易·康从来都不是纯粹的功能主义者，他对现代主义崇尚功能第一、流动空间和不对称布局等特征不以为然，而是更加注重建筑的艺术性和纪念性。他认为，建筑中的“纪念性”是“建筑结构内部固有的一种精神品质，表达了建筑的永恒性，既不能附加其他内容，也不能被改变。”[48]22 在他看来，许多现代建筑都缺乏这一核心品质。

耶鲁大学美术馆新楼西北侧外观（摄影：C. Gardner）

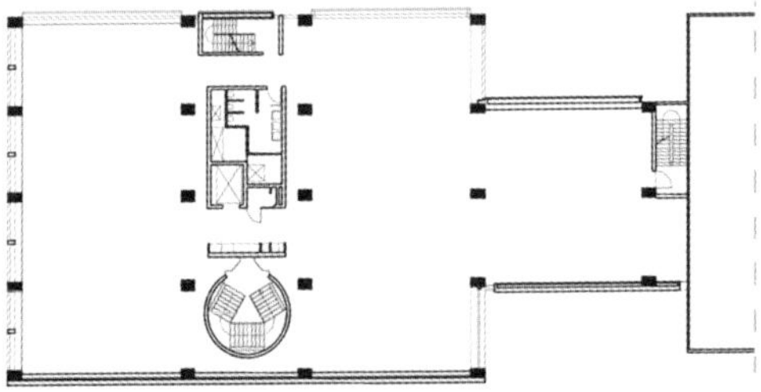

耶鲁大学美术馆新楼三层平面图

更衣室外观

1954 年，路易·康为新泽西州特伦顿（Trenton）的一个犹太人社区设计社区中心，其中只有游泳池更衣室（Bath House）最后得以建造。这件不论是听上去还是看上去都毫不起眼的小建筑却被路易·康当成是确立个人风格的里程碑。它的造型非常简单，由四个方锥形屋顶覆盖的空间围合中央庭院，形成颇具古风的十字形平面。不过它的特别之处并不在此，而是在于他将其中的男女更衣室入口、厕所、储藏室等辅助空间

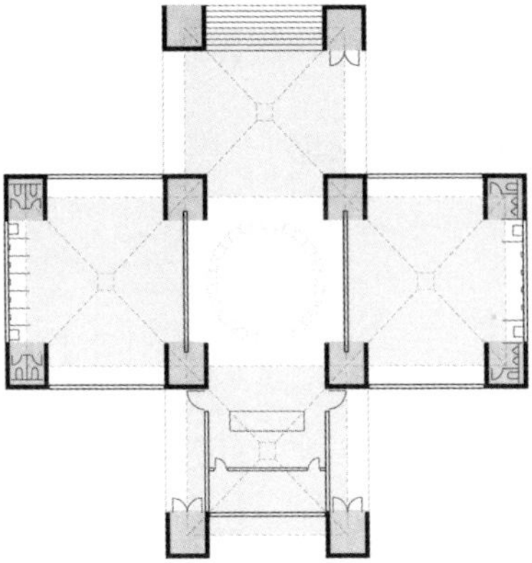
更衣室平面图

从主要空间中“剥离”出来，赋予其特别的形式和结构，使其以一种类似“仆人”侍奉“主人”的方式簇拥在主体空间的四周，从而形成独特的空间秩序。

路易·康后来回忆说，特伦顿更衣室“给了我一个机会，使我第一次分清了服侍空间（Serving Space）与被服侍空间（Served Space）。这是一个十分清楚而简单的问题。这个问题得到了一个极为纯净的解答。每个空间皆有考虑，并无冗杂之处”。他十分自豪地对助手说：“更衣室完成之后，我不必再盯着别的建筑师以获得启发了。”[49]50 这座小小的更衣室于 1984 年被列入美国国家史迹名录。

1957 年，路易·康回到母校宾夕法尼亚大学建筑系任教。这所大学秉承古典美学思想，曾经是美国建筑界最权威的学校。梁思成、林徽因（1904—1955）、陈植（1902—2001）、童寯（1900—1983）、杨廷宝（1901—1982）等中国现代建筑先驱都曾在此留学。但是自从格罗皮乌斯、密斯这些欧洲现代主义建筑家来到美国之后，国际风格就成为美国建筑界的宠儿，宾夕法尼亚大学建筑系声望大跌。路易·康就是在这样的背景下重返母校的。他在这里执教 17 年，将“自己生命的一半时间都奉献给建筑教育事业”[48] 前言 007，直到生命尽头，将母校重新带回美国一流建筑系的前列。

在宾夕法尼亚大学，路易·康承担起理查兹医学研究实验室（Richards Medical Research Laboratories）大楼的设计任务。他将功能主义的分析与形式美学合为一体，将研究和实验空间作为“被服侍空间”，赋予其完美的正方形造型，在整体布局中无可争辩地居于统率地位；相比之下，楼梯间、新鲜空气输送塔以及废气排放塔这些“服侍空间”则像“仆人”一样围绕在“主人”身旁，为其提供恰当的服务。

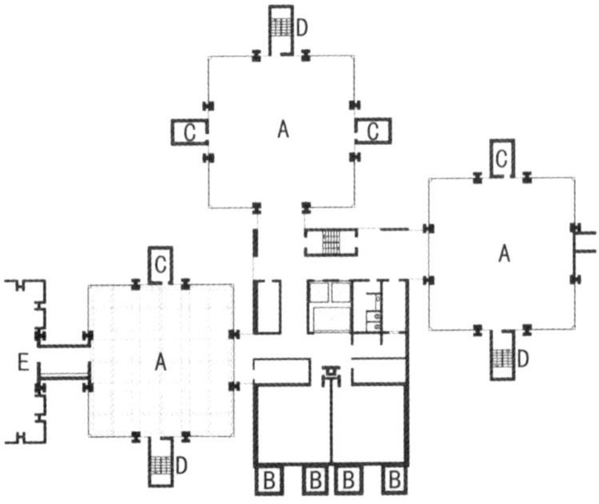

A 实验室　　D 楼梯
B 新鲜空气输送塔　　E 二期建设的大卫 · 戈达德实验室
C 废气排放塔

理查兹医学研究实验室平面图

在实验室内部，路易·康刻意将各种管道完全裸露而不予遮掩。这种做法容易积灰，于生物研究其实是有害的。但对路易 · 康而言，形式上的追求有时候就应该超越某些具体的功能需要，他无法容忍“把弯弯曲曲的管道埋藏起来。”[25]271

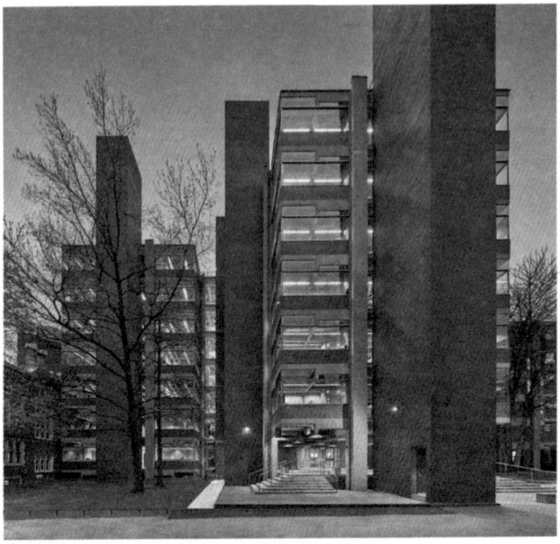

理查兹医学研究实验室外观（摄影：H. Mason）

在外观设计上，红砖墙面与灰白色的混凝土框架形成鲜明对比，它们是路易·康最喜爱的建筑材料。他曾经在 1950 年前往意大利、希腊和埃及进行考察，那些古建筑遗址厚重、纯净而看似永恒存在的特征给他留下深刻印象，成为他一生的追求，也由此走出一条与当时美国主流的轻型框架风格不同的道路。

理查兹医学研究实验室的建设给路易 · 康带来了很高的声誉，他由此进入创作的巅峰时代。不过，或许是过于追求完美，他的很多设计都只停留在方案阶段而未能实现，每一座最终完成的建筑都是再三修改反复斟酌。贝聿铭曾经这样形容他：“他如果因此找到业主，那就是因为真的有共鸣，那就会是永远的业主。”路易 · 康的建筑有许多值得后人学习取经的地方，特别是在复杂空间的构图组织方面，不论是网格式构图、集中式构图还是组团式构图，他的作品集堪称是最好的建筑构图教科书。

金贝尔美术馆外观

1966—1972 年设计建造的得克萨斯州沃思堡（Fort Worth）的金贝尔美术馆（Kimbell Art Museum）是路易·康的代表作之一。他先后做了多个方案，均采用网格构图。这种构图方式并非纯粹从结构配筋的角度，而是更多地从构图需要出发。他特别喜爱使用“主”“从”区分的双重网格，通过网格模数的大小变化将不同功能性质的空间组织成为一个有机整体。他十分注重建筑结构逻辑的视觉表达，对结构的本来面目从不试图加以掩饰，总是将结构用材与填充用材予以明确区分。在金贝尔美术馆，他特意在混凝土筒壳与填充石墙之间留下一道弧形缝隙，用极尽夸张的方式表达独特的艺术追求。美术馆内部的采光设计也非常精彩，将自然光通过漫反射引入室内照明，同时也让观众与外部阳光时刻保持直观联系。正如他所说：“我们是光养育的。由于有日光，才觉出四季变化。我们只认知这个由日光唤醒的世界，它提供了我们共识的基础，它使我们能接触到永恒。”[49]101

金贝尔美术馆内景（摄影：P. Sieger）

集中式是路易·康最喜爱的构图语言之一，因为它特别符合他的“主”“从”分明的设计思想，他在这方面所做的研究堪与文艺复兴时期达·芬奇和伯拉孟特的研究相媲美。孟加拉国议会大厦（Jatiya Sangsad Bhaban）是一座带有变化的集中式构图建筑。大厦的核心是一个300座席的议会大厅，外围环绕不同用途的辅助空间，其中位于4个斜角的办公空间完全相同，而位于纵横轴线上的主入口、部长休息厅、礼拜室和茶室则造型各不相同。不过这种差异性没有损害整体的集中性特征，相反，在建筑师的精心组织下，反而起到了加强中央形体的吸引力和统率性作用。

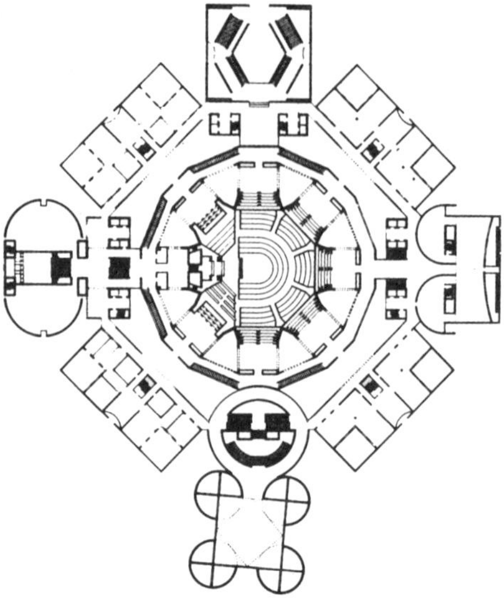

孟加拉国议会大厦平面图

孟加拉国议会大厦议会大厅顶棚

由于孟加拉地区气候炎热多雨且属于欠发达地区，不能像美国那样主要依靠电力降温，因此路易·康将建筑设计得较为封闭，没有将窗子直接开在建筑外表面。中央议会大厅采用天井通风采光，而办公部分则用内置的庭院通风采光。庭院的外墙上开着符号化的三角形、圆形和方形孔洞，在阳光照射下，在实体般封闭的墙面对比下，呈现出具有强烈震撼力的光影效果，“犹若盲人之瞳，哑者之口。”[49]13

路易·康是在1962年接受当时的巴基斯坦政府委托完成这项任务的。当时国

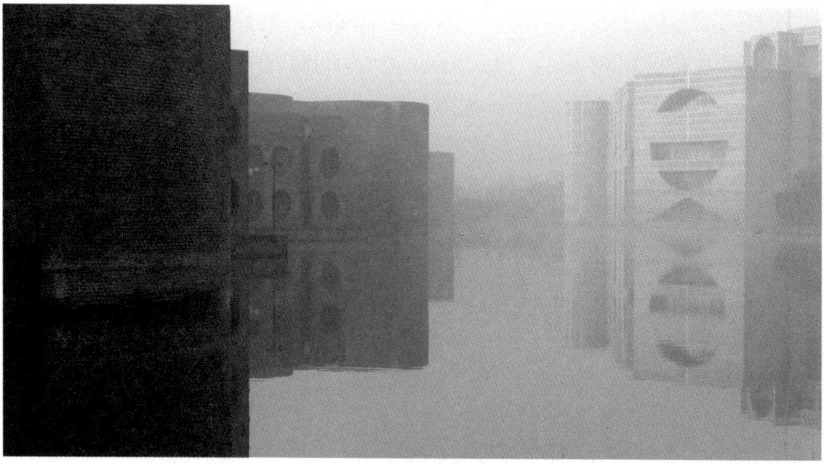

右为议会大厦，左为议员住宅（摄影：D. Golem）

土分为东、西两部分的巴基斯坦政府决定在东巴基斯坦首府达卡设立第二首都，将议会大厦置于该城。由路易·康负责规划的第二首都综合建筑群还包括最高法院、议员居住区、国家博物馆、国家医院等，规模十分宏大，是典型的现代主义城市规划思想的产物。然而就在工程进行过程中，1971年，由于东、西巴基斯坦内部矛盾激发而引发内战，随后印度乘机介入，巴基斯坦战败，东巴基斯坦从巴基斯坦分离出去而成立孟加拉国，达卡被设为首都。受战争影响，议会大厦直到1982年才投入使用，而原定的其他建筑除议会大厦两侧的议员住宅群外都无力再建。

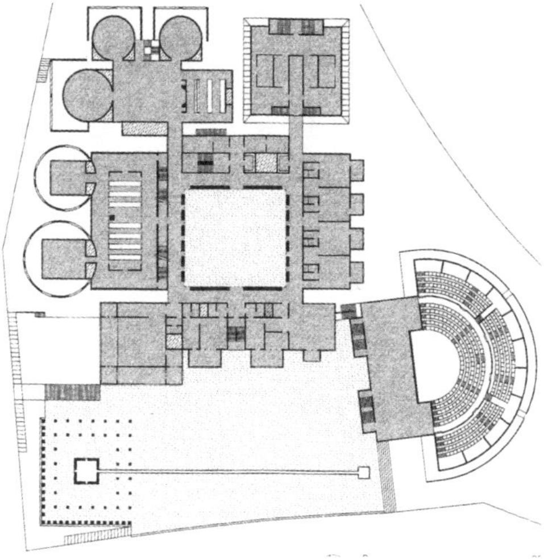

索尔克生物研究所会议中心设计方案平面图

位于加利福尼亚州拉·霍亚（La Jolla）的索尔克生物研究所（Salk Institute for Biological Studies）是美国顶级的生物医学研究机构。路易·康1958年开始为其进行设计。他所做的会议中心方案是一组很有代表性的组团式布局，就像克里特岛的米诺斯宫殿一样，由一大群功能、大小、造型各异的“子空间”——讲演厅、图书室、剧场、健身房、厨房、客房、服务用房以及花园和喷泉——簇拥着一个作为母体的中央大厅，有序而不拘谨，统一而不失灵活，构思极为精彩。可惜这个他花费了大量心血的设计方案——就像他的其他许许多多精彩的构思一样——最终没有能够获得实施，只有相距不远的实验楼得以建成，其造型也是路易·康经典的“主”“从”分离，细部做法十分精彩。

索尔克生物研究所会议中心实验楼。庭院由 Luis Barragan 设计（摄影：E. Daniels）

同样可以作为组团式构图典范的还有 1962 年设计的印度艾哈迈达巴德的印度管理学院（Indian Institute of Management Ahmedabad）。路易·康将学院划分成教学区和宿舍区两部分，由较规则的宿舍区呈 L 形从两侧环伺着教学区。其教学区的安排与索尔克会议中心的安排相似，由功能、形状、方向、数目各异的“子空间”——教室、图书馆、入口、办公室、餐厅——簇拥着中央的露天剧场（其中餐厅和露天剧场未能建成），就像一个由各种乐器组成的交响乐队一样，共同演奏和谐的乐曲。宿舍楼分为两种类型，平面大体相似，均为四层高，其中一、二层为公共用房，三、四层每层各设 10 间宿舍。

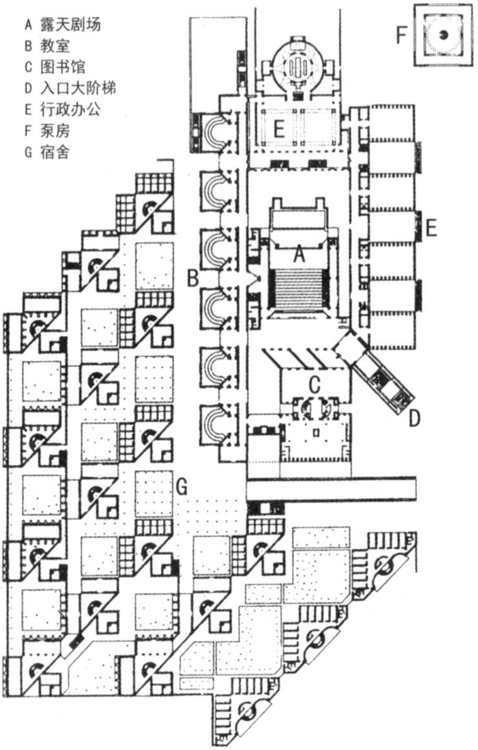

艾哈迈达巴德的印度管理学院设计平面图

这 10 间宿舍又分为两组，呈 L 形环绕三角形休息厅和楼梯塔。这种设计改变了传统走廊式宿舍布局惯例，注重住宿学生的公共交流。同达卡的情况相似，为躲避炎热的空气，所有建筑的窗子都尽量退到很深的廊院或天井之内。整个建筑群都以具有当地特色的红砖承重，门窗洞均为圆拱或平拱。路易·康特别喜欢用砖做拱，他曾经自问自答说，“如果你问砖想变成什么样子，它一定会回答：拱。如果你告诉砖，拱很贵，可以用混凝土来代替吗？砖一定回答，它还是喜欢拱。”[50] 在他的世界里，建筑始终是一种精神的活动：“（精神）愿望的重要性无可伦比地远甚于（物质）需求。”[49]14 这话说得不无道理，在建筑历史的长河中已经无数次得到验证。

1974 年 3 月 17 日，在从印度返回学校途中，由于心脏病突发，路易·康猝死在纽约宾夕法尼亚火车站，终年 73 岁。

艾哈迈达巴德的印度管理学院入口大阶梯（摄影：H. Thomson）

艾哈迈达巴德的印度管理学院学生宿舍

艾哈迈达巴德的印度管理学院学生宿舍局部（摄影：H. Thomson）

22-7 埃罗·沙里宁

小沙里宁（右四）与父亲老沙里宁（右二）在克兰布鲁克艺术学院合影（摄于1941年）

建筑史上像沙里宁父子这样父子都是大师级建筑家的例子并不常见。父亲伊利尔·沙里宁早在20世纪初就已经成名。在1922年举行的芝加哥论坛报大厦竞赛上，他的方案虽然只获得第2名，但却引发了美国摩天楼“艺术装饰风格”的新时代。1923年老沙里宁携全家从芬兰移居美国，其中就包括当时年仅13岁的儿子埃罗·沙里宁（Eero Saarinen，1910—1961）。1934年，小沙里宁从耶鲁大学毕业，获得奖学金到欧洲游学两年，实地学习研究欧洲建筑的设计思想。回国后，小沙里宁到他父亲所在的克兰布鲁克艺术学院（Cranbrook Academy of Art）任教并协助父亲工作，直到1950年父亲去世后才独立开业。

圣路易斯的西出之门

1948年，沙里宁父子分别参加位于密苏里州圣路易斯市的托马斯·杰斐逊纪念碑设计竞赛。结果，小沙里宁的方案中奖。20年后，这座被称为“西出之门”（The Gateway to the West）的纪念碑在密西西比河畔耸立起来。这是一个高和宽都是192米的三角形断面钢结构抛物线拱，凌空而起，造型极其简洁，却又寓意无限。

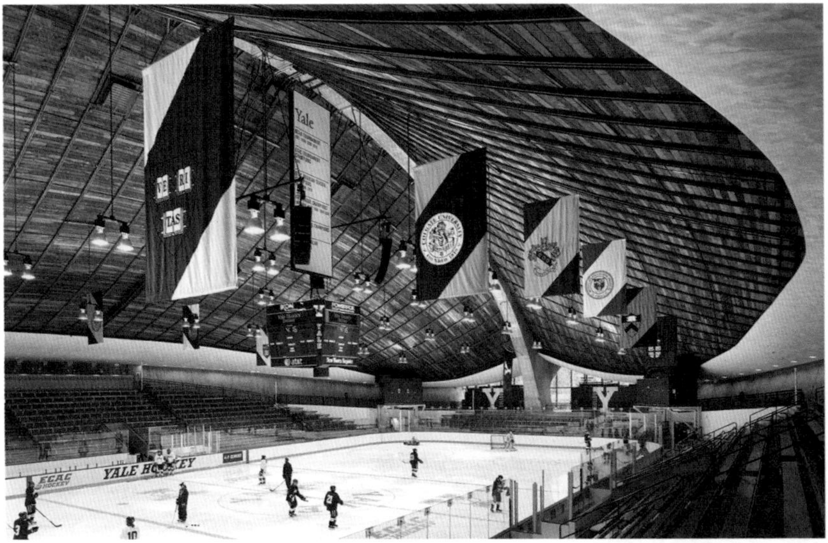

耶鲁大学冰球馆内景

受勒·柯布西耶朗香教堂的启发，20 世纪 50 年代起，小沙里宁日渐热衷于在建筑中运用有机形态来实现“个性”的塑造，从机器派转变成表现派大师。他在一次讲话中宣称：“唯一使我感兴趣的就是作为艺术的建筑。……我希望在建筑历史中会有我的地位。”[51]1953 年，他为耶鲁大学设计大卫·辛顿·英格斯冰球馆（David S. Ingalls Rink），以其怪异的造型被耶鲁学生戏称为“鲸”（The Whale）。在协助其完成“西出之门”的结构工程师弗雷德·塞弗鲁德（Fred N. Severud，1899—1990）的协助下，小沙里宁将一般用于桥梁建造的悬索结构成功地应用于建筑之中，薄薄的木屋顶由缆索悬挂在中央龟背状隆起的主梁和两侧的圈梁之间，使整个空间充满了强烈的运动感和激动人心的戏剧性效果。

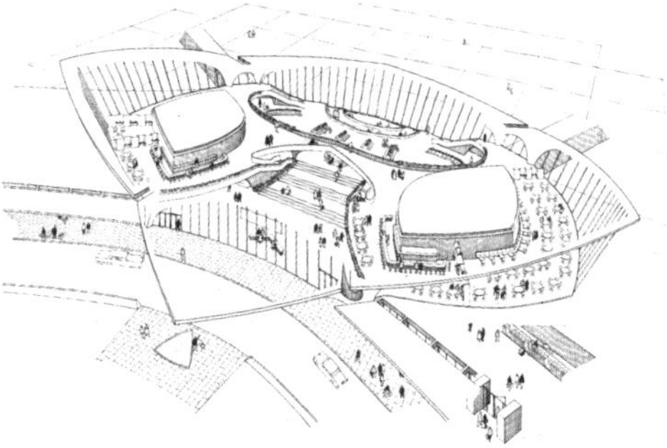

纽约环球航空公司候机楼解剖图

1955 年，小沙里宁应美国环球航空公司（TWA）之邀为其设计位于纽约肯尼迪国际机场的候机楼 。飞翔的感觉是设计的出发点。整座建筑由 4 片钢筋混凝土曲面薄壳构成，由 4 个有机

纽约环球航空公司候机楼外观（摄影：J. Bartelstone）

纽约环球航空公司候机楼内景（摄影：J. Bartelstone）

形支座支撑，薄壳之间的缝隙装上玻璃天窗以为室内采光。在这里，小沙里宁充分展现了他将现代技术的光辉成就与人的自由想象力大胆结合的表现能力，塑造了一个梦幻般的未来世界。

1958 年，小沙里宁又为华盛顿杜勒斯国际机场设计候机楼。它采用钢索悬挂结构，柱列向外倾斜以“抵消”钢索向内的拉力。钢索上铺设预制混凝土板，以重量保持屋面稳定。柱列之间是曲面玻璃幕墙。这座候机楼将现代结构技术与古典主义韵律至臻完美地结合在一起，成为当之无愧的美国国门。

华盛顿杜勒斯国际机场候机楼外观（摄影：Photobisou）

悉尼歌剧院

小沙里宁对具有时代特点的现代结构有机形态的热爱还直接促成了20世纪另一件著名表现派建筑的诞生。1957年，在澳大利亚悉尼歌剧院（Sydney Opera House）国际竞赛中，因故迟到的评委小沙里宁对已经在此前的评选中被排除掉的、丹麦建筑家约恩·伍重（Jørn Utzon，1918—2008）的方案十分喜爱，尽管他对该方案如何实施并没有把握，但仍极力说服其他评委相信这个方案必将成为伟大杰作。在历经17年的曲折建造历程并且超过预计成本13.5倍之后，这座建筑终于成为悉尼乃至整个澳大利亚的象征。

与他的同乡阿尔瓦·阿尔托一样，小沙里宁不仅是一位杰出的建筑家，还是一位天才的家具设计大师。他于1955年设计的“郁金香”椅（Tulip Chair）直到今天仍然畅销不已。

郁金香椅

1961年9月1日，在刚过完51周岁生日不久，由于脑瘤手术失败，小沙里宁在其设计生涯的黄金时期不幸英年早逝。真是天妒英才，这是现代建筑史上最惨痛的损失之一。

22-8 理查德·巴克敏斯特·富勒

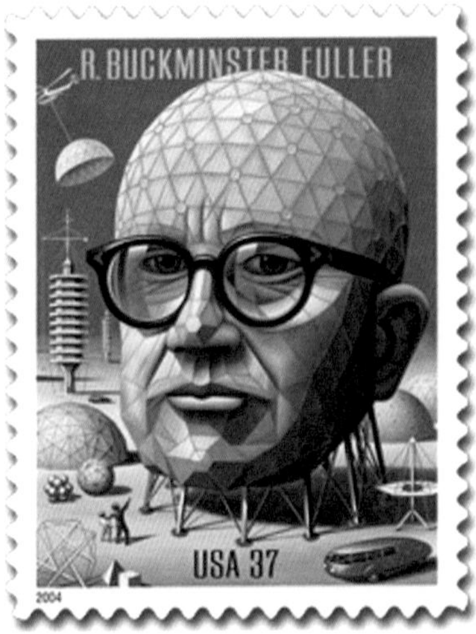

2004年美国发行的富勒纪念邮票，画面展示了富勒的各项主要发明

美国建筑工程师理查德·巴克敏斯特·富勒（Richard Buckminster Fuller，1895—1983）是一位与众不同的现代主义建筑名家。他一生致力于运用现代工程技术建造结构最合理、耗材最少、能源最节约、建造最便利的新型建筑，在许多方面想人之未想，做人之未做，是一位属于“未来时代”但又脚踏实地的先锋派建筑家。

富勒从小就热衷各种发明创造，“不安分”的他曾经两度被哈佛大学退学。面对工业化时代的崭新成就，富勒坚定地认为，再用中世纪那种手工艺方式建造房屋就太过时了，当代的房屋应该完全体现工业化时代特有的预制、运输、装配等特点以及电器化功能要求。1927年，富勒设计了一款堪称是史无前例的独立住宅，取名叫“迪马西昂”（Dymaxion），意思为“动力+最大效率”（Dynamic Plus Maximum Efficieny）。它的总重仅有2.2吨，可以用飞机运载到任何地点进行装配建造。它的中心是一个高12米的桅杆状核心体，其内设置楼梯、电梯、储水筒、储气罐以及空调装置。6个三角形房间悬挂在中心桅杆上，顶部为平台。富勒宣称：“在这样一座用中央桅杆悬挂的房子里，你只需要1品脱的水（0.473升）就可以洗个澡，喷雾洗衣，利用垃圾产生能源。这是一场住宅的革命。”就在这项发明不久之前，勒·柯布西耶刚刚提出“住宅就是机器”的口号，富勒将这个口号变作了现实。

然而这座“迪马西昂”太像机器了，所以几乎没有人喜欢它。但是富勒的信念并未动摇。他随后又继续对建筑实现随时拼装、拆卸和运输的可

HOUSES that HANG from a POLE!

"Toad Stool" Houses for $2000
by KNIGHT DEACON

A house which hangs suspended from a central mast, in whose bath room you bathe in a pint of water, where clothes are laundered in fog and where power is supplied from garbage—this is the revolutionary type of home science okays for the future.

Buckminster Fuller, designer, with a model of his "Dymaxion" or toad stool house. Note the central mast from which the floors are hung. At left—dishes are washed mechanically by a fog bath inside a special container; baths are taken with a fog gun and a pint of water.

A "TOAD STOOL" home, delivered to your own plot of ground and assembled at a complete cost of $2000 for an average-sized house—including furnishings of as radical design as the house itself—is the latest contribution of architecture to the solution of the ever present housing problem.

The house has rooms, walls, floors, but except for these essentials it bears but an obscure resemblance to what we are accustomed to think of as a home. It literally hangs from a pole, a hollow central mast in which all the power units of the house are installed, and it is crammed with amazing labor-saving devices driven by power derived from refuse.

Buckminster Fuller is the New York architect who has thrown tradition overboard in creating what he calls his "Dymaxion" house. He first announced his idea some time ago, but only recently has he completed the finishing touches which put his creation on a commercial basis.

"I started in to develop a dwelling," says Mr. Fuller, "that would be more comfortable, more habitable, more sanitary, more economical, more self-contained and which could be operated at the least expense of human energy. When I started it was with an inquiring mind. I decided to accept no housing feature because it 'had always been used,' but to pick only those features which proved necessary and expedient. That left me with floors, ceiling and walls. I think I can safely say that in those features is found the only comparison between my Dymaxion house and the common dwelling of today."

Living Quarters 14 Feet Above Ground

Such a statement is no exaggeration. The only stable member of the "Toad Stool" house is the central mast. The entire weight of the structure is hung from this mast. Also, contained in it is the machinery for the completion of hundreds of humdrum tasks, even to the elevator that eliminates the necessity of stairways in the house. It carries tenants from the ground to the living quarters 14 feet above, or an additional 12 feet to the suspended play deck.

Essential details of "toad stool" house are shown here. Note that central mast from which it is hung contains all operating mechanism—air conditioners, heating units, reflectors for lighting rooms, and generator for creating gas from refuse.

40　Modern Mechanix and Inventions for September　41

1932年《Modern Mechanix》杂志关于『迪马西昂』住宅的介绍文章

行性进行研究。1944年，富勒设计了一座改进型的“迪马西昂”，它的全部构件都可以拆卸折叠在一个不大的体积内，用一辆汽车就可以很方便地进行搬迁。这一次，富勒的发明有了一位买主——威廉·格雷厄姆（William Graham）。他将“迪马西昂”改造后建在湖畔，一直使用到20世纪70年代。1990年，格雷厄姆的家人将它捐赠给位于底特律郊区的亨利·福特博物馆（Henry Ford Museum）。

改进型的『迪马西昂』住宅，拆卸后可以卷成左侧圆筒大小，方便汽车运输

同样出于节能、便利和效率的想法，富勒还在1933年设计了一款也被命名为“迪马西昂”的汽车。它只有三个轮子，两个在前一个在后，发动机后置，依靠后轮转向，可实现原地180°转弯，几乎只需车长的空位

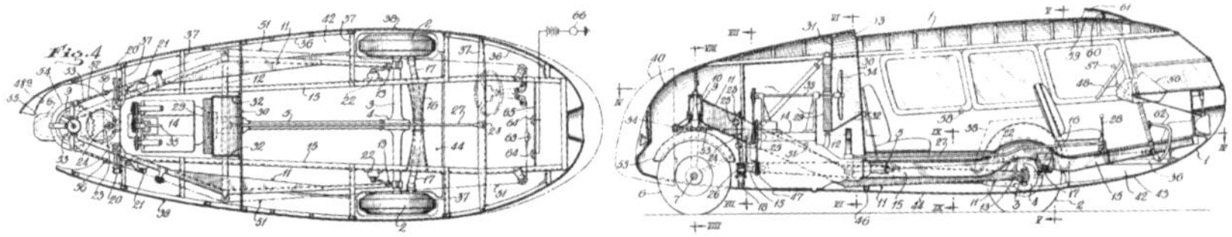

『迪马西昂』汽车

就可以实现侧方停车。但是这个设计未能付诸实现。在 1933 年芝加哥世界博览会上，一辆样车被其他车辆碰撞，驾驶员身亡，两名乘客受伤。尽管调查证明事故责任并不在富勒一方，但是投资者撤回资金，项目被迫流产。根据后来公布的一份资料，有人担心这种新型汽车——当时被对手污蔑为“怪胎车”（Freak Car）——会威胁到其他“正常”车辆的销售而迫使它停止。

著名工业设计家雷蒙德·罗维站在他所设计的流线型火车前（摄于 1936 年）

或许可以告慰富勒的是，“迪马西昂”汽车所采用的、前所未见的水滴状造型在美国工业设计领域引发了一场流线型设计（Streamline Design）潮流，不仅汽车、火车、飞机纷纷采用流线造型，甚至就连冰箱、烤面包机、订书机这些与空气动力学毫不相干的工业产品也被“流线化”了。

1948 年，富勒受聘担任北卡罗来纳州黑山学院教授。在这里，他开始研究如何利用金属构件组成可随时拆装的大跨度穹形空间，以期实现用最少的材料和最短的时间建构起强度很高、重量极轻、跨度极大的新型建筑结构。1949年，他建造出世界上第一座金属网架穹顶，他称之为“测地线穹顶”（Geodesic Dome），采用铝质金属管，外覆乙烯基塑料（Vinyl Plastic）。这一次，没有人再怀疑这位发明家了。美国军方立即与富勒签订合同。短短几年间，成千上万座金属网架穹顶在美军的各个基地中建造起来。堪称是建筑史上的一次技术革命，富勒终于完成了他一生中最伟大的发明，轻轻松松地将罗马万神庙、圣彼得大教堂抛在了身后。出于对富勒的敬意，1985年问世的中空碳分子C_{60}因其具有与富勒设计的穹顶极为相似的形状，被科学家命名为“富勒烯”（Fullerene）。

富勒于黑山学院研究网壳结构（摄于1949年）

美军在吊运金属网壳穹顶（摄于1954年）

富勒于1958年建造的巴吞·鲁日油罐车维修厂，穹顶直径117米

1949年，富勒还与他的学生肯尼斯·斯内尔森（Kenneth Snelson，1927—

斯内尔森 1969 年创作的雕塑《针塔》

2016）一起发明了张拉整体结构（Tensegrity）。这可能是迄今为止最令人惊异的现代结构类型，互不接触的受压杆件仅仅依赖相互间的绳索连接就可以向天空自由伸展，仿佛彻底摆脱了地心引力。

1970 年，美国建筑师协会（AIA）授予富勒象征着最高荣誉的金奖，给予富勒极高的评价：“他是一个设计了迄今人类最强、最轻、最高效的围合空间手段的人，一个把自己当作人类应付挑战的实验室的人，一个时刻都在关注着自己发现的社会意义的人，一个认识到真正的财富是能源的人，一个把人类在宇宙间的全面成功当作自己的目标的人。”[52]

1960 年，富勒曾提出过一个大胆设想，用他的网壳穹顶将曼哈顿岛笼罩起来，以调节四季温度

第二十三章 国际风格时代的世界建筑名家

『只有对复杂的建筑问题持肤浅观点的人，才会把这个整体划分为互相分离的技术和艺术两个方面。』

23-1 国际风格时代的阿尔瓦·阿尔托

1938 年，阿尔瓦·阿尔托第一次来到美国，在纽约现代艺术博物馆举办展览。这是继勒·柯布西耶之后第二位在美国举办个展的欧洲现代建筑家。第二年，阿尔托为纽约世界博览会设计芬兰馆。在那样一个战云密布的非常年代，他所设计的奔放不羁的波浪形前倾曲面展墙给美国观众留下深刻印象。

1939 年纽约世界博览会芬兰馆（摄影：E. Stoller）

麻省理工学院贝克楼平面图

麻省理工学院贝克楼外观（摄影：B. T. Martin）

阿尔托剧院内景（摄影：B. Grimmenstein）

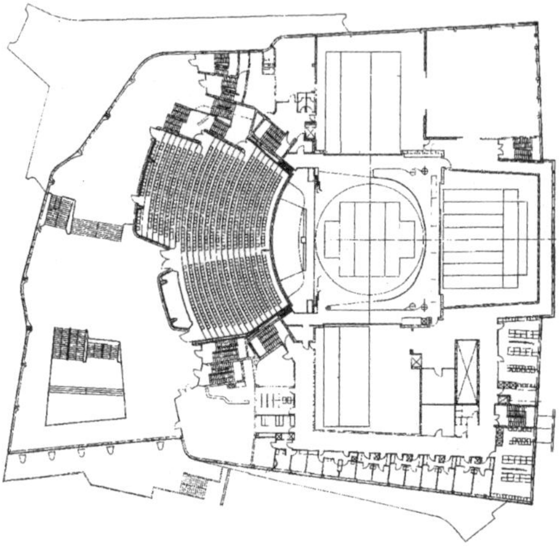

阿尔托剧院平面图

1945—1948年，阿尔托被聘为麻省理工学院教授。他为学院设计了一栋学生宿舍，名为贝克楼（Baker House）。它建在河边，迎河的一侧被处理成波浪式延伸的曲面以便使尽可能多的宿舍房间都能看到河流景观，而背向河边的一侧则布置楼梯间等辅助用房，其墙线则被做成粗犷的折线。两种不同造型形成鲜明的对比，这是具有阿尔托特色的“主”“从”分离设计模式。

1959年，阿尔托在德国埃森（Essen）剧院设计竞赛中获选，但这个项目直到他去世多年后的20世纪80年代才全部建成（建成后被命名为阿尔托剧院“Aalto Theatre”）。在这个设计中，几何僵硬的办公区（“从”）与音乐般婉转的观众席和休息厅（“主”）、对称的舞台与非对称的座席以及室内深蓝色顶棚、墙面、座椅与白云般飘浮的楼座形成一系列对比变化，无不令人感受到阿尔托驾驭复杂空间和形式的高超技巧。

1949—1952 年设计建造的芬兰珊纳特赛罗市政厅（Säynätsalo Town Hall）是一件有趣的作品。它由一栋“U”字形行政办公楼与另一栋图书馆围合成庭院布局。其中的西南角入口台阶被处理成曲折的形状，与几何规则的整体平面布局格格不入，仿佛是在挣扎反抗，甚至将邻近的墙面和屋顶也给扯歪了。在这里，他似乎是在以一种幽默的方式来抒发对现代建筑方盒子一统天下的无奈和不满。在阿尔托身上，理性与浪漫情调完美地结合在一起，用他自己的话说就是：“使建筑更富人情味意味着更好的建筑，同时也意味着一种比单纯技术产品更为广泛的功能主义，能为人类提供最和谐的生活方式。”[25]220

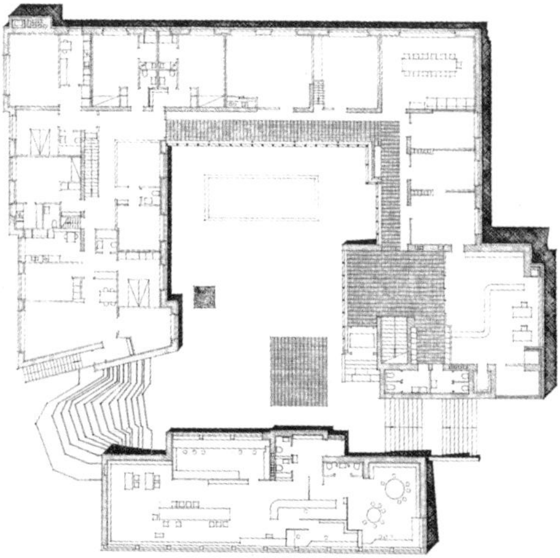

珊纳特赛罗市政厅平面图

赫尔辛基理工大学主楼外观（摄影：L. Bleriot）

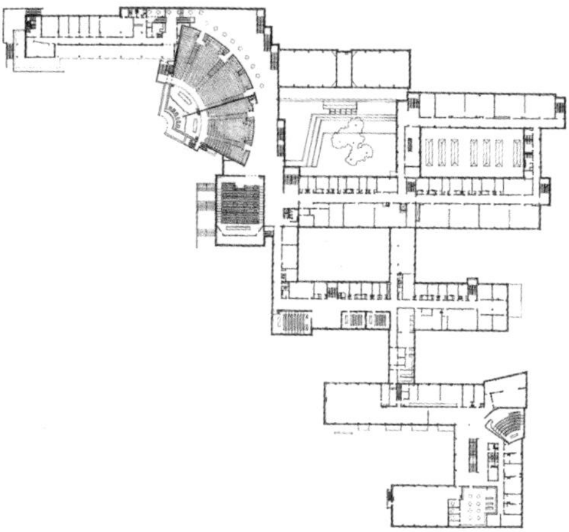

赫尔辛基理工大学主楼平面图

类似的设计也出现在奥塔涅米市（Otaniemi）的赫尔辛基理工大学主楼（设计于 1961 年，该大学 2010 年与另外两所大学合并组成阿尔托大学），两处转折部位所使用的特殊造型设计使该建筑摆脱了功能主义的僵化呆板，精彩至极。这样一种将规则形与不规则形，或说几何形与有机形融合并用的处理手法，要求建筑师具有非同寻常的形式控制和平衡能力。阿尔托完全具备这种能力，在包括公寓、图书馆、教堂、文化中心、大学、剧院等各种类型建筑设计上运用自如，将其发展成为构成他个人独特风格的一个突出组成，也使他的作品集成为研究建筑有机构图的最好教科书。

23-2 奥斯卡·尼迈耶

尼迈耶（左）与科斯塔（摄于1960年）

巴西教育和卫生部大楼（摄影：FADB）

奥斯卡·尼迈耶（Oscar Niemeyer，1907—2012）是拉丁美洲最杰出的现代建筑家。1934年从美术学院毕业后，尼迈耶来到当时在巴西很有名气的卢西奥·科斯塔（Lúcio Costa，1902—1998）的事务所工作。1936年，尼迈耶参加了由科斯塔主持的巴西教育和卫生部大楼（又被称为古斯塔沃·卡帕内玛宫“Gustavo Capanema Palace”）的建设工作。勒·柯布西耶也应邀担任设计顾问。这座办公大楼具有鲜明的勒·柯布西耶性格，而且建造在马赛联合公寓之前，堪称是第一座“光辉城市”风格的高层建筑。

1947 年，尼迈耶作为南美洲的代表参加了纽约联合国总部大厦的设计团队。他所提出的设计方案被团队里那些不喜欢勒·柯布西耶的成员用作与之分庭抗礼的工具。从另一方面说，这也是对尼迈耶能力的最大肯定。

1950 年，尼迈耶在一篇文章中写道："建筑艺术必须表达某一时代中占统治地位的技术和社会力量的精神。"[25]285 这种思想最充分地体现在巴西新首都的建设上。巴西是领土面积世界第 5 的大国，但是由于历史原因，巴西人口主要集中在沿海地带。为了开发广袤的内陆地区，早在 1891 年，第一届巴西共和国政府成立时就有意要迁都内地。1956 年，儒塞利诺·库比契克（Juscelino Kubitschek，1956—1961 年在任）当选总统。他正式启动迁都进程，选定在巴西中部一片荒原上建设名为巴西利亚（Brasília）的新首都。尼迈耶被任命为总统顾问，主持工程建设。1956 年，在全国性的设计竞赛中，科斯塔提出的规划方案获得优胜。这个方案将整座城市设计成一架昂首起飞的飞机形象，喻义新巴西蓬勃发展的未来。城市的布局完全遵照勒·柯布西耶"光辉城市"思想。处于东方机头的是行政区，一条 250 米宽的东西向纪念大道将它与商业区以及各种公共服务区贯穿起来构成机身。这条主轴线在穿越构成机尾的文体区和森林公园后中止于火车站，全长约 8 公里。在机身中部，一条 13 公里长的"弓"形南北向横轴构成机翼，其两侧为住宅区。

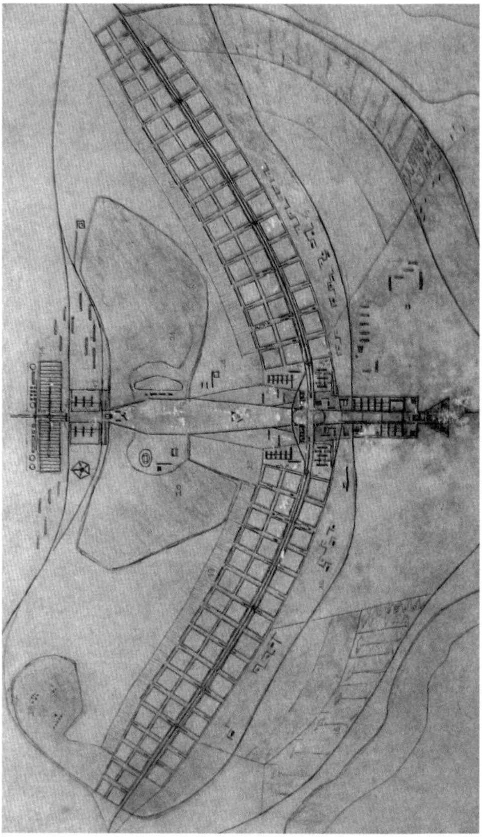

科斯塔的巴西利亚规划图

巴西利亚三权广场，前景中央为国会大厦，其左后方为国家行政院，右后方为最高法院（摄影：B. Viana）

作为项目的总负责人，尼迈耶亲自设计了位于机头的政府各部大楼、巴西利亚大教堂以及三权广场（Praça dos Três Poderes）上的国会大厦（又称为内雷乌·拉莫斯宫“Palácio Nereu Ramos”）、最高法院和国家行政院（又称为普兰纳尔托宫“Palácio do Planalto”）。国会大厦位于三权广场西侧城市东西主轴线上，由两部分组成，前面部分是参众两院会议厅，仿效昌迪加尔议会宫的平面形式，将两座会议厅放置在整齐排列的柱网之中。其中众议院形如正放的大碗，喻义广纳民意；参议院则如倒扣的大碗，喻义决策国家大事。会议厅的后面部分是高 100 米、28 层的议员办公大楼，形如“人”字（Human）的首写字母“H”形。最高法院和国家行政院位于三权广场南、北两侧。两座建筑造型十分相似，白色三棱形立柱将白色顶棚和白色地板托举在空中，在蓝色玻璃幕墙和蓝天衬托下，仿佛高原上飘浮的白云般洁净轻盈。在东边不远处，尼迈耶还建造了总统办公建筑、总统官邸以及专用小教堂。

尼迈耶设计的这些建筑连同巴西利亚整座新城都在 1960 年落成。1987 年，它们成为联合国教科文组织“世界遗产名录”上“最年轻”的成员。但是对它们的争议一直存在。一方面，巴西利亚新城所象征的人类奋发进取的精神超越了建筑本身，必将永远流传。而另一方面，这座新城犯了与昌迪加尔同样的错误：每一个街区都巨大无比，没有汽车就寸步难行；所有建筑都像勒·柯布西耶“光辉城市”所描绘的那样孑然孤立于绿地之中，

巴西利亚全景鸟瞰

全然缺乏一座城市所必不可少的广场、街道、巷子、酒馆；所有办公楼和住宅都是一个模子浇灌出来的，只有城市整体轮廓的造型特征，而没有任何个体的差异，只有建筑师的奇思妙想，却没有任何民众参与的余地。尼迈耶的精神导师勒·柯布西耶说："这样的方案就是你们的圣主明君。"[39]可以说，现代主义城市规划的所有错误都可以在这里找到。但在当时，只有极少数人意识到这一点，大多数建筑师只会感动于规模的宏大和气势的磅礴。

1964 年巴西发生军事政变，尼迈耶被迫流亡法国，直到 1985 年才得以返回。他一直没有中断建筑创作，直到 105 岁去世。

23-3 丹下健三与日本现代建筑

明治维新使日本摆脱闭关锁国，开启现代国家进程。20 世纪起，日本一方面吸引像赖特这样的西方著名建筑家前来传授经验，另一方面则不断派出留学生去往欧美学习现代建筑的先进技术和思想。20 世纪 50 年代以后，日本逐渐走入世界现代建筑发展的前列，涌现出了以丹下健三（1913—2005）为代表的一批优秀的现代主义建筑家。

丹下健三（摄于1953年）

1938年，丹下健三大学毕业进入前川国男（1905—1986）事务所工作。前川国男是日本最早的现代主义建筑家之一，曾在勒·柯布西耶手下工作学习三年，面聆大师教诲。回国之后，前川国男积极倡导勒·柯布西耶的现代建筑理念和风格，并将这种思想传递给丹下健三。

丹下健三的第一件重要作品是1955年原子弹爆炸10周年时建成的广岛和平纪念馆。这座建筑造型简洁而有纪念性，架空底层和钢筋混凝土暴露骨架恰到好处地将勒·柯布西耶现代风格与日本传统神社取得呼应，而裸露混凝土表面似粗实细的做法也与日本民族一贯的建筑传统合拍。

广岛和平纪念馆架空底层局部（摄影：菅野崇）

香川县厅舍

1958年建成的位于高松市的香川县厅舍是一座完全遵照勒·柯布西耶现代建筑建筑五要点设计的建筑，也是丹下健三用现代钢筋混凝土建筑语言来表现日本传统木构架建筑特色的杰出之作。战后百废待兴的经济现状和日本自古以来对自然材料潜在美的热爱情感使得勒·柯布西耶式不加修饰的钢筋混凝土粗野主义美学在日本受到极大欢迎，几乎成为日本的“现代民族风格”。

山梨文化会馆，其当前建筑总面积比刚建成时增加了21%

为应对城市人口快速增长的压力，丹下健三于20世纪50年代后期开始研究一种能够不断生长和自我适应的插入式建筑新形式，即所谓的“新陈代谢”建筑。1966年建成的甲府市山梨文化会馆就是一个典型代表。它的核心是16座直径5米的钢筋混凝土圆筒，内为楼梯、电梯、厕所和管道空间。以这些管道为枝干，在管道之间可以根据使用需要的变化而架设或调整工作空间，丹下健三称之为“能够成长的建筑”。这座建筑的外观也同样兼具现代和传统精神。

出于对城市发展同样的考虑，1959—1960年，丹下健三还草拟了东京城市结构改革方案“东京规划1960”，建议将传统中心放射状发展的城市改革为可以线型发展的开放体系城市轴系统，将城市、交通、建筑予以统一，从而实现城市空间新秩序。这种思想实际上就是勒·柯布西耶“光辉城市”的海上版。

东京规划1960

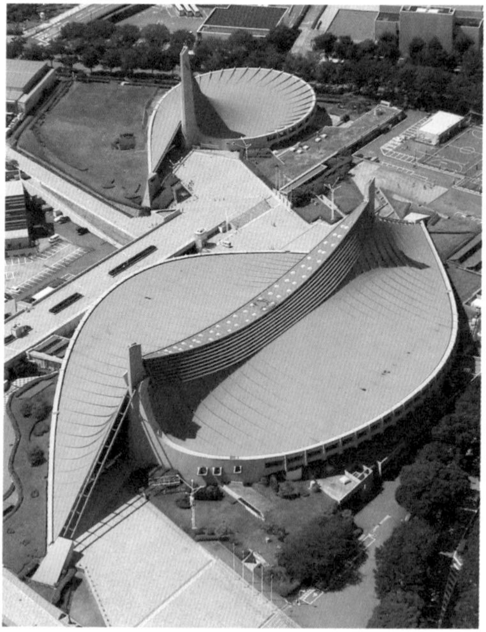

1964年东京奥运会第一体育馆（下）和第二体育馆（上）鸟瞰图

一系列公共建筑项目的成功使丹下健三获得巨大的声誉，他因此成为1964年东京第18届奥运会体育场馆建筑设计的不二人选。这项任务不仅将他的个人声望推向顶峰，同时也将日本现代建筑设计推入世界级行列。整个建筑群由两个主要的体育馆和附属建筑组成。第一体育馆由两个相错的新月形构成，是奥运会游泳比赛场地。它的屋顶采用悬索结构建造，在相距126米的两根27.5米高的立柱之间张拉两束外径33厘米的主悬索，两端斜拉至地面锚固。在主索与观众席外侧的钢筋混凝土环梁之间再拉上钢索以承载屋面。第二体育馆屋顶呈螺旋形，是奥运会篮球比赛场地。它从一根高35.8米的支柱顶端螺旋状盘下一束直径40.6厘米的主悬索，再通过一系列从主索向外放射的钢索承载屋面。

第一体育馆内景，如今已不再作为游泳馆使用

这两座采用当时最先进技术建成的、周身洋溢时代气息的巨型建筑虽然没有任何直接的传统装饰，但所传递的建筑意境与西方建筑完全不同，具有鲜明的日本特色。

黑川纪章和他1961年设计的东京“螺旋体城市”方案模型

丹下健三对日本现代建筑的影响极其巨大，他的学生黑川纪章（1934—2007）、矶崎新（1931—）和槇文彦（1928—）等日后都成为日本第二代现代建筑家中的佼佼者。其中黑川纪章是20世纪60年代日本“新陈代谢”运动的主要创始人，这一运动将生命进化与再生观念引入建筑领域，以向机器时代建筑观念提出挑战。

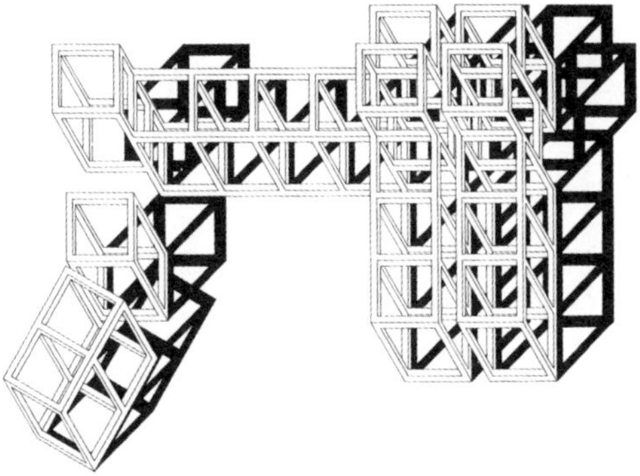
群马县立近代美术馆设计分析图

矶崎新是20世纪70年代以后日本现代建筑的主要代表人物。他的设计具有形式主义的美感，通过几何形体——通常是立方体和圆柱体——的巧妙组织，糅合东西方文化思想而进行诗意般动人的表现。1974年建成的高崎市群马县立近代美术馆和1975年建成的北九州市立中央图书馆都是他的早期代表作。

北九州市立中央图书馆

23-4 安藤忠雄

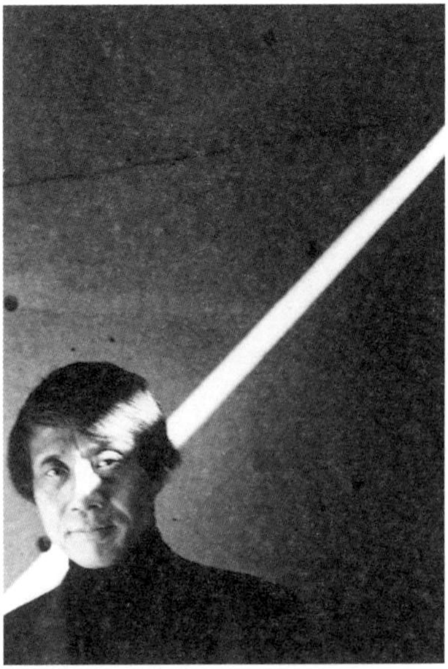
安藤忠雄

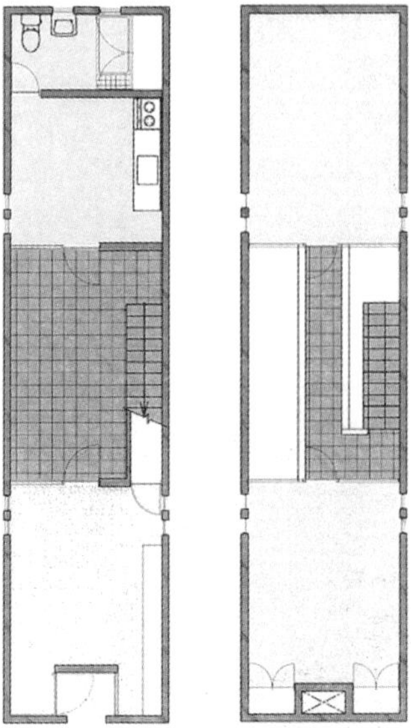
住吉长屋一层平面图（左）和二层平面图（右）

与丹下健三、矶崎新这样的受过高等专业教育的日本建筑家不同，安藤忠雄（1941—）完全是依靠自学走上建筑之路。少年时代，安藤忠雄曾遍访家乡周围的传统建筑，感受到其中包含的自然和谦逊的生活态度。后来他自己创造机会去世界各地游历，思索、品味建筑与自然的含义，与许多具有自主思想的艺术家交谈。他把旅行当作自己“唯一的最重要的老师”，他说：“真正要理解建筑，不是通过媒体，而是要通过自己的五官来体验其空间，这一点比什么都重要。‘旅行’不只是身体的移动，重要的是畅想、思考，是与自己进行‘对话’交流的过程，这样就会逐渐地使自己坚强起来。”[53]9

1969 年，安藤忠雄结束旅行回到日本，在大阪成立建筑事务所。1975 年建造的大阪住吉长屋是他的成名之作。这是一栋建造在狭窄基地上的小型住宅，左右相邻建筑墙面之间距离仅有 3.9 米，进深 14 米。他将基地四周用一道 6 米高墙闭合，与左右邻居之间仅各留下不到 30 厘米的间隙，四面没有一扇窗户。他解释说，这种封闭的目的是要在当今这个晦暗麻木的社会中创造一个属于个人的、有生机的环境，就像世外桃源。但“封闭”只是外在的假象，一旦步入其中，你就会发现一个完全不同的、生机勃勃的世界。建筑的内部被分成前后三段，中间是一个露天的庭院，通向二楼的楼梯以及将前后段二楼相连的天桥也都是露天的。两端的房间虽然没有窗户，但全都敞向中庭，实际上是明亮的。这是一个非常精彩的设计，特别是中央的天井，虽然有人不解“为什么要设计成雨天还必须打伞才能去厕所”，但这正是建筑家用心精妙之处。通过这种安排，生活在都市中的居民获得与大自然亲密接触的良机，将一个原本非常狭小闭塞的建筑变成开放的“大”建筑。许多西方建筑师来此参观后惊叹说：“真有意思，日本人就那么热爱自然吗？”[53]141

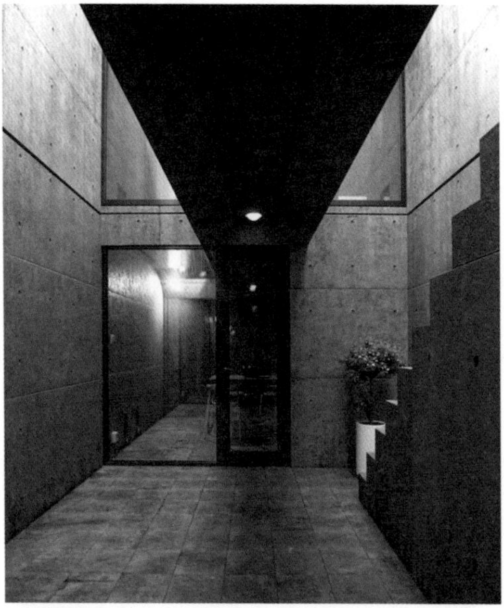

从门厅望向厨房。庭院、楼梯和天桥上所铺设的石板，在露天环境下会随着时间而老化，从而将记忆铭刻在建筑之中

住吉长屋外观（摄影：H. Morimoto）

住吉长屋的墙体采用清水混凝土建造，这是包括安藤忠雄在内的日本现代建筑

安藤忠雄设计的芦屋市的小筱邸（建于 1981 年）

小筱邸内景（摄影：Jacome）

让光线从墙缝中照入，营造出戏剧性的气氛，这是安藤忠雄独到的手法

家最喜爱的一种材料。安藤忠雄说：“任何一种材料只要正确运用就能够熠熠生辉。”[54]在勒·柯布西耶和西方建筑家手中用来象征粗犷的混凝土材料，在经过安藤忠雄的手后，竟然变得“纤柔若丝”（Smooth as silk，1995 年普利茨克奖评委会评语），竟然能够赋予建筑以“高贵感”（1988 年日本吉田五十六大奖评语）。就像日本传统建筑中的茅草和青苔一样，安藤忠雄将混凝土材料“化腐朽为神奇”，这确实是日本民族美学传统的精华体现。

安藤忠雄的建筑总是给人以质朴纯真的感觉，除了材料上的因素外，造型上多采用简单的方、圆等基本几何形式，不靠造型的奇特华丽去打动人，而是通过形态穿插所形成的空间变化去建构建筑与人类生活的密切联系，从而创造有生命的建筑。在他的建筑中，人、建筑与自然的内在联系始终是关注的焦点。从表面上看，像住吉长屋这样的建筑似乎是反自然的，它的四周都用高高的混凝土墙体围合，生活在其中的人除了坐井观天，与外界环境好像没有其他接触。但这恰恰是他高明的地方。不妨回想一下，生活在都市中的我们，每天面对公园、树木、喷泉、花丛，有多少时刻曾经被眼前的“自然”感动过？有多少时刻关注过每日升起又落下的太阳？有多少时刻感受过树上的叶子发芽与掉落？因为满目皆是“自然”，所以早已麻木和“熟视无睹”了。有的时候，拥有的越多，失去的也越多。安藤忠雄曾经访问过罗马万神庙，在那样一个全封闭的空间里，只有天穹上的一个圆洞才能透进光芒。这道光柱在幽暗的背景衬托下显得那么强烈、那么有力、那么光彩，深深打动每一个观众，也启发了安藤忠雄。是的，坐在住吉长屋的院子里，就是坐井观天，可是难道不是坐井观天的人才最能体会仅有的这一片天的可贵，最能观察天的变化无穷，也最能感受自我的存在吗？这就是安藤忠雄的建筑自然观。

23-5

皮埃尔·路易吉·奈尔维

奈尔维位于其所设计的罗马高架桥前（O. Savio 摄于 1960 年）

佛罗伦萨弗兰基体育场看台雨篷

皮埃尔·路易吉·奈尔维（Pier Luigi Nervi，1891—1979）是一位有着“钢筋混凝土诗人”美誉的意大利现代主义结构和建筑大师。1932 年建成的佛罗伦萨弗兰基体育场（Stadio Artemio Franchi）是他的成名之作。他创造性地设计了一个向前悬挑达 22 米的看台雨篷，造型犹如张开的巨颚，所表现出的力与美的平衡和有惊无险的戏剧性效

1935 年建造于奥尔维耶托的飞机库

1939 年建造于奥尔贝泰洛的飞机库

果，与体育场的属性极为吻合，为后人广为效仿。

1935—1940 年，奈尔维用钢筋混凝土拱形格栅结构为意大利空军设计建造了一批长约 100 米、宽约 40 米的飞机库。最初他采用的是现浇方式，拱形格栅在空中优美地交错，不仅能满足特定的使用要求，而且其轻盈的力学和美学效果与飞机这一当时最先进的人类成就完全匹配。但由于形状复杂，现浇时很费模板且需要一次性浇筑完成，于是奈尔维又研制出预制肋现浇接头的技术，使施工变得简便而且易于维护更新。对奈尔维来说，最痛苦的是这些机库全都在 1944 年被败退的德军炸毁了。

在奈尔维看来，“无论何时何地，建筑的普遍规律就是，它所必须满足的功能要求、建筑技术、建筑结构和决定建筑细部的艺术处理，所有这一切，都构成一个统一的整体。只有对复杂的建筑问题持肤浅观点的人，才会把这个整体划分为互相分离的技术和艺术两个方面。建筑是，而且必须是一个技术与艺术的综合体，而并非是技术加艺术。建筑师不必对一切细节都具有专门知识，但他对建筑工业的每一部门都应该具有清晰的一般概念，这正如同一个优秀的交响乐队指挥一样，他必须懂得每一件乐器的可能性与局限性。在艺术效果与结构、施工要求与方案之间，存在着某种充分的、内在的契合。一个结构物如果不遵从最简明和最有效的结构形式，或者在构造细部上不考虑建筑所用材料的各自特点，要想得到良好的艺术效果就会困难重重”[55]序言。

1956—1959 年，奈尔维为即将为 1960 年举行的罗马奥运会设计建造两座钢筋混凝土穹顶体育馆，为罗马的穹顶大家族再添两位新成员。其中较小的一座位于罗马城北，名为小体育宫（Palazzetto dello Sport），承担奥运会拳击比赛，可容纳 3500 名观众。它的穹顶直径 60 米，采用他发明的拱形格栅结构，1620 个优美的菱形栅格漂浮在体育馆上空。格栅下方每 4 个一组汇聚在 36 根钢筋混凝土“Y”形飞扶壁上。这样一种设计构思使穹顶在视觉上与支柱脱开，“仿佛观众一阵欢呼的声浪就能把它送上蓝天”[56]75。

罗马小体育宫穹顶内景（摄影：Mi Chenxing）

罗马小体育宫鸟瞰图

另一座较大的体育馆（PalaLottomatica，现称为帕拉罗托马提卡体育馆）位于罗马城南，承担奥运会篮球比赛，可容纳 11200 名观众。它的穹顶直径 100 米，144 道拱肋由中央放射而出，在端部 3 个一组汇聚在 48 根斜撑支柱上。与小体育宫不同，这些支柱并没有暴露在外观上，而是被由立

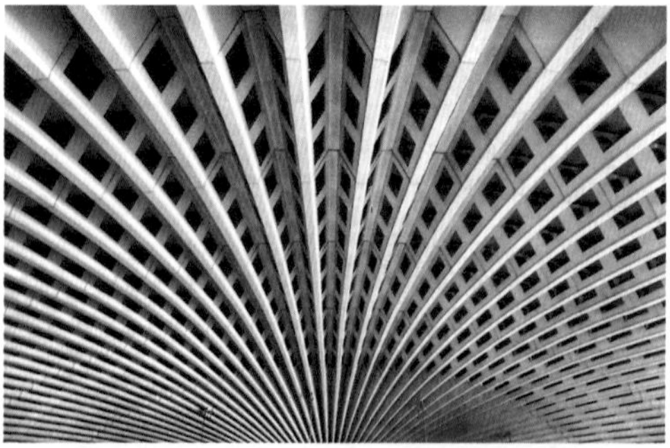

罗马帕拉罗托马提卡体育馆穹顶内景

罗马帕拉罗托马提卡体育馆看台下层屋顶局部

柱上悬挑支起的屋盖和玻璃幕墙所覆盖。在周圈环绕的看台下层楼板结构中，奈尔维创造性地使用了所谓“应力迹线”格栅结构。他说：“从建筑观点来看，混凝土的流质形态及其整体性，是在力学和施工观念上以及在造型能力上取之不尽的源泉。”[55]15 他从混凝土的所谓“半流质”性质中得到灵感，将井字形交叉的格栅梁按照楼板受力之后的弯曲应力流的主应力迹线做成弯曲造型，使之既符合受力原理，更增强结构的美学效果。

作为结构工程师，奈尔维从不把自己的工作简化为梁柱计算。他一再强调结构设计并不等于结构计算，更重要的是要具备“在理论指导下根据实践经验进行创造性结构构思的能力”[56]81。正因为他重视并且努力去培养自己拥有这样的结构构思能力，使得他能够自如地驾驭结构，创造出一个又一个新颖的结构造型，将结构设计不断推向新的高度。

23-6 菲利克斯·坎德拉

菲利克斯·坎德拉（Félix Candela，1910—1997）出生于西班牙，西班牙内战后被迫流亡墨西哥。他一生致力于钢筋混凝土薄壳结构研究，特别是双曲面薄壳结构，在这方面取得了卓越的成就。

霍奇米洛克的泉水餐厅外观

1958 年建造的墨西哥城郊霍奇米洛克（Xochimilco）的泉水餐厅（Los Manantiales Restaurant），结构由 8 片、仅 1.7~3.4 厘米厚——真可谓是薄如蝉翼——的直纹双曲面薄壳单元组合而成，最大跨径 30 米，造型极为轻快。如果将鸡蛋壳放大到同样尺寸，其厚度将达到 30 厘米，足足比这座建筑要厚上 10 倍。

坎德拉的设计在墨西哥深受欢迎，墨西哥总统阿道夫·鲁伊斯·科尔蒂内斯（Adolfo Ruiz Cortines，1952—1958 年在任）曾感慨地说："再没有什么事能比尽快坐在坎德拉设计的屋顶下更值得期待了。"在 20 世纪五六十年代的短短 10 余年间，他为墨西哥建造了数以百计的薄壳建筑。他的名字几乎成为薄壳结构的代名词。

23-7 弗雷·奥托

德国工程师弗雷·奥托（Frei Otto，1925—2015）也是一位在新型结构开发和应用领域卓有成就的人物。他较早致力于张力膜结构研究。这种主要由撑杆、锚、拉索与强力织物纤维薄膜或密布索网组成的轻型结

1967年蒙特利尔世界博览会联邦德国馆

构，造型完美地反映了材料的受力状态，具有结构简单、重量轻、施工简易和平面多变等诸多优点。

1967年，奥托用这种新型结构设计建造了蒙特利尔世界博览会联邦德国馆。由11根高低不一的撑竿在锚和拉索的配合作用下撑起的双曲索网屋面，轻盈地覆盖于建筑、道路和湖水之上，而由拉索张拉形成的网眼恰好成为采光天窗。

1972年，奥托与建筑师贡特·贝尼施（Günter Behnisch，1922—2010）合作设计德国慕尼黑举办的第20届奥林匹克运动会体育场馆。其巧妙的构思使建筑与体育精神浑然一体，堪称是历史上最出色的奥运会体育场之一。

慕尼黑奥林匹克体育场鸟瞰图（摄影：T. Monto）

第五部
奇观建筑

第二十四章 高技派

“自从史前巨石柱出现以来，建筑师一直处于技术领域的前沿。”

24-1 巴黎的蓬皮杜中心

1977 年，由英国建筑师理查德·罗杰斯（Richard Rogers，1933—）和意大利建筑师伦佐·皮亚诺（Renzo Piano，1937—）合作设计的巴黎蓬皮杜中心（Centre Georges Pompidou）落成，立即引起了巨大轰动，一举成为埃菲尔铁塔之后巴黎最知名的建筑。英国建筑评论家乔纳森·格兰西在其所著《20 世纪建筑》一书中一连用了四个“最”——“最激动人心”“最随心所欲”“最怪诞”和“最受欢迎”[42]354——来形容还觉得意犹未尽。在建成后的 10 年间，前来参观的人多达 7000 万之众，超过了同期埃菲尔铁塔和卢浮宫观众的总和，其中超过半数的游客甚至只是前来观赏建筑本身，而没有进入内部去参观数以万计的现代艺术展品。

这座以法国前总统乔治·蓬皮杜（Georges Pompidou，1969—1974 年在任）名字命名的建筑主体是一幢长 168 米、宽 60 米、高 42 米的 6 层大

蓬皮杜中心鸟瞰图（摄影：Y. A-Bertrand）

楼。它高度强调工业制造特色，突出机械细节，将蒙在技术表面的所谓“虚假”外表全部“剥去”，以夸张的“裸露”形式来强调技术是推动建筑和时代发展的动力。通过精心的提炼和组织，将原本粗陋的普通工业机械构造——尤其是最具有代表性的金属构造——升华成具有很高美学价值和品位的全新形式。建筑师不仅将它的各种结构构件完全暴露在外，而且连内部的“五脏六腑”也全部裸露出来，按照功能涂上鲜艳的色彩加以区分：

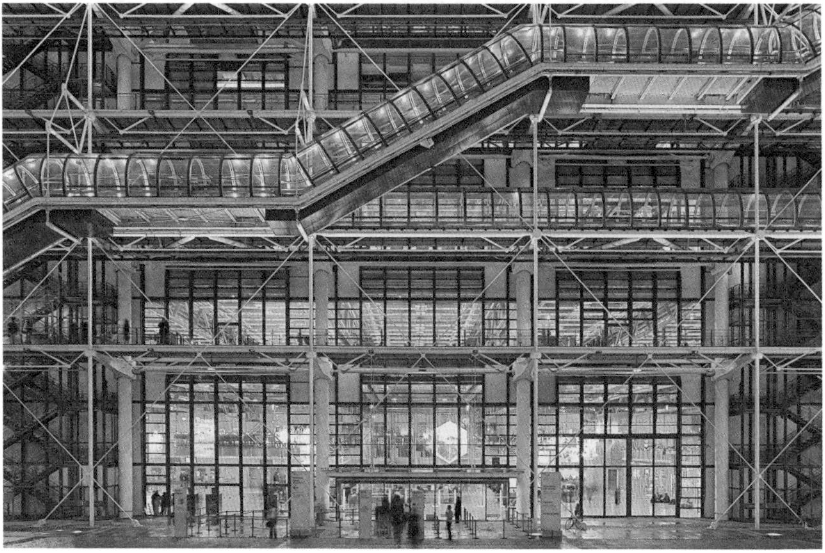

蓬皮杜中心立面局部（摄影：F. Ivaldi）

蓬皮杜中心内景，展厅顶棚管道也是裸露的

劳埃德大厦内景。建筑各部分的结构和连接方式完全裸露，就连自动扶梯都是全透明的，内部的齿轮、螺母也恨不能成为建筑一景

红色代表交通系统，绿色代表供水系统，蓝色代表空调系统，黄色代表供电系统。这是受路易·康将服伺空间与被服伺空间相互分离的设计思想的影响，罗杰斯将其称为“无限定形态”（Non-finite Form），即形态全由功能需要自然决定。

这件崇尚高级和高品位技术细节的设计取得了巨大成功，开创了“高技派”建筑（High-tech Architecture）新风，将勒·柯布西耶和密斯所开创的机器美学表现推向了巅峰。

24-2 理查德·罗杰斯

理查德·罗杰斯出生在意大利，小时候随父亲迁往英国居住，在英国读完大学后又前往耶鲁大学在保罗·鲁道夫指导下攻读研究生。在完成蓬皮杜中心项目后，1978年，罗杰斯获得伦敦劳埃德大厦（Lloyd's

Building）的设计任务，并于 1985 年建设完成。这也是一座经典的“无限定形态”高技派建筑，楼梯、厕所以及各种设备系统都以夸张的工业形态暴露于建筑主体之外，内部有个一通到顶的宏大采光中庭，建筑各部分的结构和连接方式完全裸露，就连自动扶梯都是全透明的，内部的齿轮、螺母也恨不能成为建筑一“景”。

与蓬皮杜中心一样，这座大厦也是位于传统建筑密集的城市中心区，但建筑师并没有傲慢地清除出一大片空地以供自我表演，而是能够很好地尊重城市街道的传统秩序和法则，与周围哪怕是最平凡的路边小酒馆平等地相处于街巷之中（参见第 271 页插图）。

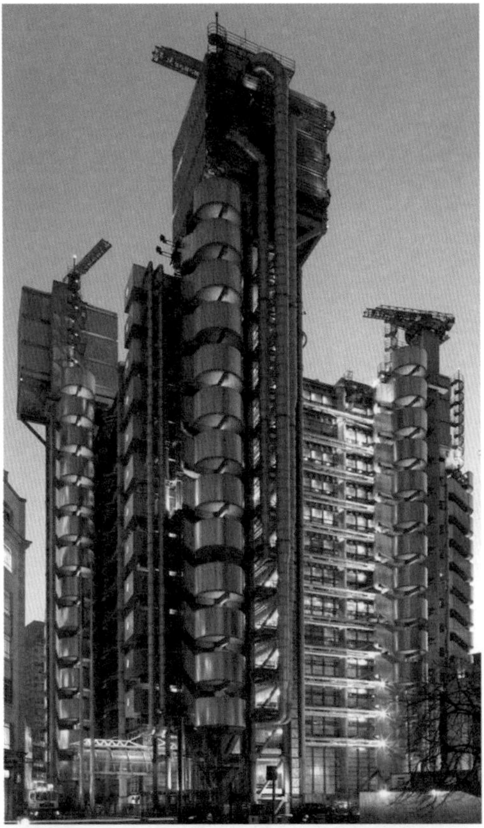

劳埃德大厦外观。屋顶上是用来清洁和维护大楼立面的起重机，罗杰斯将其处理成夸张的工业吊臂，并且刷上鲜艳的蓝色，以至于大楼有了一个“蓝色起重机”的绰号

劳埃德大厦立面局部（摄影：I. Cia）极具科幻感的透明电梯和夸张的管道设计

24-3 诺曼·福斯特

在耶鲁一同求学的福斯特（左二）和罗杰斯（左三）（摄于1962年）

香港汇丰银行大楼（摄影：I. Lambot）

诺曼·福斯特（Norman Foster，1935—）也是“高技派”建筑大师。他与罗杰斯曾是耶鲁硕士班同学，1963年毕业后曾与罗杰斯以及同是耶鲁同学的苏·罗杰斯（Su Rogers，当时是罗杰斯的妻子）和温迪·福斯特（Wendy Foster，1964年与福斯特结婚）共同开设名为“四人组”（Team 4）的建筑事务所，四人合作持续了一段时间。

1979年，福斯特为香港汇丰银行设计大楼（HSBC Main Building）。这是一座采用巨型框架结构的“高技派”杰作，各个楼层分别悬挂在4组巨型钢桁架之上，地面架空，几部自动扶梯从地面穿顶棚而上，科技感十足。在香港极高密度的城市环境中，这个架空的大楼底部成为开放性的城市公共活动场所，一定意义上实现了勒·柯布西耶的愿望。

福斯特深受富勒的影响，视其为自己的“精神导师”。他的设计注重表达时代技术进步，许多作品都具有超前的科幻效果。1999年完工的柏林德国国会大厦穹顶重建工程造就一

柏林德国国会大厦穹顶内景

件科幻感十足的作品。这座建成于 1894 年的建筑曾经见证过近代德国两个关键性的历史事件：1933 年国会纵火案标志纳粹独裁政权建立；1945 年苏联红军将红旗插上国会大厦宣告纳粹德国灭亡。冷战时期，国会大厦虽位于西柏林，但当时的联邦德国议会设在波恩，这座建筑基本处于荒废状态。1990 年两德正式统一，这座建筑再次成为德国国会所在地。1992 年，福斯特受命重建国会大厅和正上方的穹顶。他用一个具有高技术特征的轻质金属玻璃穹顶取代了旧式的铁架穹顶，然后在其周围设计了无柱支撑的双螺旋坡道，结构构思极为精巧，完美实现了历史与未来的连接。

2006 年建成的纽约赫斯特大厦（Hearst Tower）是一座“寄居”在古董建筑外壳里的时尚建筑。与同时代流行的一些其他引人瞩目风格的建筑相比，高技派建筑通常能够较好地与城市文脉相融合，在充分表达建筑师和时代个性的同时，对既有的城市环境和建筑形态又能予以最大程度的尊重。

纽约赫斯特大厦

史蒂夫·乔布斯剧院大厅（摄影：N. Young）

2006 年，史蒂夫·乔布斯（Steve Jobs，1955—2011）邀请福斯特设计位于加利福尼亚州库比蒂诺（Cupertino）的苹果公司总部，工程最终在乔布斯去世 6 年后建成并投入使用。其中最科幻的部分当属史蒂夫·乔布斯剧院（Steve Jobs Theater），用全透明的特种玻璃将直径 60 米的碳纤维顶棚托举在空中。

米洛大桥

福斯特还时常与工程师一道合作设计桥梁。2004 年落成的法国米洛大桥（Millau Viaduct，由米歇尔·维洛热“Michel Virlogeux”负责结构设计）是一座气势恢宏的多塔斜拉桥，桥塔最大高度达到 336 米，细节设计极为考究。

24-4 伦佐·皮亚诺

皮亚诺（摄影：N. Young）

伦佐·皮亚诺是意大利高技派建筑大师，年轻时曾经在路易·康那里实习，接受了他的服侍空间与被服侍空间的理念，并将其运用到与罗杰斯以及结构工程师彼得·赖斯（Peter Rice，1935—1992）合作完成的巴黎蓬皮杜中心设计中去。

纽约时报大楼

皮亚诺作品十分丰富，以后虽然没有再像蓬皮杜中心这样夸张的设计，但一直保持着精致细密的设计风格。2007 年建成的纽约时报大楼（The New York Times Building）是一座非常有特点的摩天楼。与传统玻璃幕墙建筑强调玻璃的反光特征不同，这座建筑强调的是“通透性”，包括红色电梯在内的内部结构在外表如面纱般精致的陶瓷遮光幕墙的笼罩下，如同穿了透视装一般似透非透、欲隐还现，倒是与大楼业主的性质十分吻合。

24-5

圣地亚哥 · 卡拉特拉瓦

卡拉特拉瓦

圣地亚哥 · 卡拉特拉瓦（Santiago Calatrava，1951—）是西班牙当代最富个性的建筑艺术家。他的设计集建筑、结构、雕塑于一体，将艺术的奔放不拘与理性的逻辑严密完美地结合起来，使他的作品真正成为艺术与科学的结晶，被称为“理性的表现主义”建筑家。

仿生、平衡、运动是卡拉特拉瓦建筑创作的三大主题。如同本国前辈高迪一样，卡拉特拉瓦对自然世界充满感情，视之为取之不尽用之不竭的设计灵感源泉。不过他的关注点并不停留在草木虫鸟的自然形态上，而是特别地对这些美好形态所赖以形成的生物组织结构有浓厚兴趣，试图从中探寻其构成的基本规律。1994 年建成的法国里昂萨特拉斯火车站（Satolas TGV）是 TGV 高速铁路和里昂机场的连接枢纽，造型好似大鹏即将振翅高飞。

里昂萨特拉斯火车站（摄影：M. Holden）

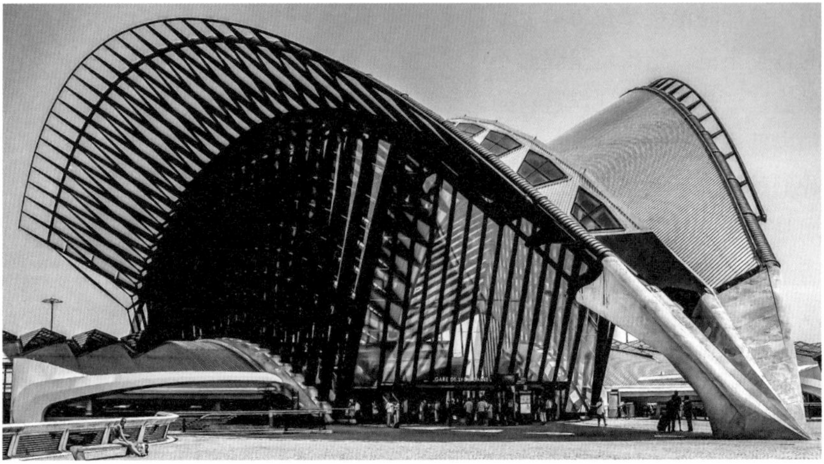

阿拉米罗大桥（摄影：G. Lucas）

女人桥，是一座可以旋转的活动桥

桥梁是最适合展现力与美的舞台。在这个舞台上，卡拉特拉瓦创作了许多巧夺天工的作品。为迎接1992年举办的塞维利亚世界博览会而建造的阿拉米罗大桥（Puente del Alamillo）是一座造型独特的斜拉桥。它一反传统斜拉桥左右对称的“挑担”式设计，而是利用一座142米高、倾斜角为58°的倾斜悬臂桥塔产生的自重去“平衡”由单侧拉索传递的200米长的桥面重量，宛如“拖车”的巨人。与之相比，2001年建成的阿根廷布宜诺斯艾利斯的“女人桥”（Puente de la Mujer）悬臂桥塔方向刚好相反，削尖的桥塔向内倾斜，优雅的姿态仿佛侠客挑起的剑尖。

建筑评论家亚历山大·聪尼斯（Alexander Tzonis，1937—）在评论卡拉特拉瓦时说：“在历史上，建筑结构与运动通常被认为是对立的。对人的直觉来说，结构是坚固而不可移动的。弹性、摇摆、松散的结构会引发恐怖感，令人联想到建筑物的短命。然而在实际生活中建筑结构的运动是基本事实，建筑结构从来没有静止过，尽管它们表面看上去是不能动的。我们越观察就越意识到建筑结构是在不停地运动，它们不仅自己会动，而且无疑构成了人或事物运动的场所及通道，建筑内无不充满着运动。当今，我们对生活中的运动的意识比以往任何时候都强，速度、流动以及变化支配着我们的生活。也许这就是为什么在普遍的设计作品中，运动作为结构、象征和功能的要素正在逐步代替稳固。圣地亚哥·卡拉特拉瓦与其他建筑师不同之处就在于他比任何人都更深刻、更努力、更普遍地表达了运动。”[57]

24-6 赫尔佐格与德·梅隆

赫尔佐格（左）与德·梅隆（右）

赫尔佐格与德·梅隆事务所(Herzog & de Meuron）是由两位从小就相识的瑞士建筑师雅克·赫尔佐格（Jacques Herzog，1950—）与皮埃尔·德·梅隆（Pierre de Meuron，1950—）合作建立的。由他们设计的慕尼黑安联体育场（Allianz Arena）是一件光的杰作，表面覆盖的2874个菱形气枕薄膜会根据所服务的球队而改变色彩：德国国家队，白色；拜仁慕尼黑，红色；慕尼黑1860，蓝色；慕尼黑德比，红蓝相间……

慕尼黑安联体育场

2008年北京奥运会主场馆国家体育场也是他们的杰作。

北京国家体育场（摄影：Peter23）

第二十五章 解构主义

「我为谁而建？我认为每一座建筑都是在和那个不在那儿的人对话。」

25-1 “解构”建筑

20 世纪 80 年代，一种名为“解构主义”（Deconstructivism）的建筑设计新流派开始吸引人们关注的目光。他们向有着悠久传统的，追求秩序、完整、规则、稳定和统一的建筑思想——即使是藐视传统的现代主义建筑家包括机器派也大致遵守的原则——提出了挑战㊀，一批建筑史上前所未见的、以“散乱”“残缺”“突变”“动势”和“奇绝”[58]74 为特色的新形式登上建筑大舞台。由于历史主义讲究尊卑有序、和谐统一的建筑价值观早已经被强调功能第一、千篇一律的现代主义所摧毁，而到了现代主义也快要被时代抛弃时，已经没有什么东西可以用来约束建筑师的“想象力”了。当代的建筑师们每个人都渴望要成为勒·柯布西耶、密斯和赖特那样

㊀ 国内一些学者认为，在建筑领域，或许应该将“Deconstructivism”这个单词按照字面翻译成“反构成主义”更为恰当也便于理解。而“解构主义”这个翻译具有更多的哲学意味，与法国哲学家雅克·德里达（Jacques Derrida，1930—2004）20 世纪 60 年代提出的同名哲学流派牵扯在一起，容易陷入理论家们所热衷的文字游戏的怪圈之中。

的建筑超人，每个人都希望自己的建筑能像悉尼歌剧院那样举世闻名，至于悉尼歌剧院并不是一座功能合格的歌剧院那又如何呢？他们发现自己只要有足够的胆量，只要能够用各种常人难以理解因此感觉高深莫测的营销说辞去打动商人和政客，抓住转瞬即逝的眼球效应，什么样的“思潮”“流派”和“主义”都可以被发明出来，“解构主义”就是其中之一。自从文艺复兴时代开始启动的建筑师冉冉上升的地位现在达到了辉煌的顶点。在很多地方很多人看来，建筑艺术就是一门奇观的艺术，建筑设计的唯一目的就是引发别人的惊叹。用刘易斯·芒福德（Lewis Mumford，1895—1990）的话说：“画框”取代了“画像”。[59]

25-2 彼得·埃森曼

埃森曼在为西班牙王储夫妇介绍加利西亚文化之城的设计方案

美国建筑家和理论家彼得·埃森曼（Peter Eisenman，1932—）是最早“鼓吹”解构主义思想的建筑家。他的设计理论非常复杂，就连菲利普·约翰逊这位建筑领域的沙场老将都承认自己“无法追踪其哲学思维设计的范围”。[60]150 要想确实搞清埃森曼所主张的解构主义究竟要做什么或者说要“肯定”什么，恐怕不是一件容易的事。美国建筑评论家查尔斯·詹克斯（Charles Jencks，1939—2019）曾经为其归纳了四个要点：非古典（Not-classical），否构图（De-composition），无中心（De-centring）和“反连续性”（Dis-continuity）[58]76，或许从这样一种“否定”的角度才可以比较好地理解埃森曼和他的解构主义。

1967 年，埃森曼成为位于纽约的建筑与城市研究所（IAUS）第一任主持人。这是一家非营利性和没有学位授予权的建筑教育研究机构，旨在为那些有意寻求传统教育之外替代方法的学生提供建筑、景观和城市设计的研究课题。在埃森曼任职的 15 年间，IAUS 首创了一种高度强调创造个人风格的建筑教学方式，把自由创意、夸张造型和特立独行当作是建筑灵感的源泉，包括屈米、盖里、哈迪德、库哈斯和里伯斯金在内的许多日后赫赫有名的建筑家都曾经在这里参与研讨或者进修学习过。

1989 年建成的俄亥俄州立大学韦克斯纳艺术中心（Wexner Center for Arts）是埃森曼的代表作。两套偏差 12.25° 分别对应城市与校园的网格互不相让地穿插在建筑之中，将建筑大卸八块，搅得支离破碎。建筑内部不同空间都拥有各自的梁、柱体系，在空间接合之处毫不客气地交错在一起，公然藐视一切传统的建筑艺术构成和使用法则。建筑评论家安德鲁·巴兰坦（Andrew Ballantyne，1956—）形容它“用对人类的敌意”来形成建筑师个人的风格。

韦克斯纳艺术中心内部，柱子和梁突兀地出现在楼梯上

1999 年开工建设的西班牙圣地亚哥·德·贡波斯代拉郊区的加利西亚文化之城（City of Culture of Galicia）将圣地亚哥老城肌理与基地的山形进行叠加处理以形成丘陵似的建筑群。埃森曼说：“通过这种制图式的操作，这一项目显现出来的是一个弧形的地表。它既不是建筑，也不是地面；

加利西亚文化之城鸟瞰

既是成形的地面，又是成形的建筑。圣地亚哥的中世纪历史出现在这里，但并不是代表怀旧，而是以一种全新的形态出现。它是崭新的，却并不陌生。”[61]129“既不是”“也是”，“既是”“也不是”，是与不是全在建筑师口舌之间，这就是埃森曼和解构主义设计理念的生动写照。

这座文化之城有着宏大的构想，但经过 10 多年漫长建设，在建设费用超出预算一倍以上而所吸引的游客却寥寥无几的情况下，2013 年，这个当代典型的、试图靠奇观形象工程来发展旅游的项目，在一片批评声浪中被迫宣布半途完工，原定的国际艺术中心等项目不再建设。

25-3 伯纳德 · 屈米

屈米

瑞士建筑家伯纳德 · 屈米（Bernard Tschumi，1944—）也是解构主义的主要拥护者之一。他于 1982 年设计的巴黎拉 · 维莱特公园（Parc de la Villette）是解构主义风格的早期代表作。点、线、面三套各自独立的体系并列、交叉、重叠，成为设计的主要构思。其中最引人注目的是“点”，屈米将之处理为一系列名为“疯狂”（Folie）的红色构筑物，它们以间距 120 米的矩形阵列空降在公园中，造型不考虑特定的功能，你可以将之用作餐厅、展厅、售票亭或游乐场，也可以完全

拉·维莱特公园鸟瞰图

将它看作是抽象的雕塑。

拉·维莱特公园近景

英国建筑评论家希拉里·弗伦奇（Hilary French）评价屈米和埃森曼的这些建筑是“精神错乱”，是“只有‘思想’，没有‘功能’”的东西。[62]134 应该说，一座城市中偶尔有几座这样的“反建筑”存在，也许可以把它们当作城市雕塑，或者用屈米自己的形容叫作“城市发生器”（Urban Generator），在某种程度上确实会刺激城市的活力，但如果满目皆是就一定会让人发疯了。

盖里（摄于2010年）

25-4 弗兰克·盖里

加拿大出生的美国建筑家弗兰克·盖里（Frank Gehry，1929—）是解构主义建筑家中最突出的一位。在默默无闻了半辈子后，1978年，年近半百的盖里在洛杉矶附近圣莫尼卡（Santa Monica）建造了一座造型奇特的自用住宅（Gehry Residence）。它原本是20世纪20年代建设的带门廊的普通木造房屋，盖里在改造时有意将构成建筑的一些元素进行分解，而后再以看似散乱随意的方式进行重新组合。比如厨房和餐厅的“采光部分”就被从墙体上分离出来，然后仿佛从天上跌落下来，刚好把厨房屋顶砸开以行使它应有的功能。又比如门口的台阶，好像刚从自卸卡车上倒下来的一样“胡乱地”堆叠在门口。这座将70%的邻居吓到搬家的标新立异的建筑令盖里一举成名，确立了他后半生的设计风格。对比一下赖特对待自己第一座建筑引起争议时的态度，只能说时代不同了。

盖里住宅朝向主要街道的入口外观，右侧为厨房采光窗

盖里住宅厨房内景

1987年建设的位于德、法、瑞士三国交界处莱茵河畔威尔（Weil am Rhein）的维特拉设计博物馆（Vitra Design Museum）是盖里解构主义的成熟之作。维特拉公司是世界著名的家具制造商。这座建筑的一大半被肢解成各种部件：雨篷、楼梯、天窗等，在被赋予迥异的造型后再重新组合，仿佛是一个具有特殊体量和能量的、“蠕动中”的生命体。

维特拉设计博物馆鸟瞰图

从解构主义到奇观建筑只有一步之遥。1997年落成的西班牙毕尔巴鄂（Bilbao）古根海姆博物馆（Guggenheim Museum）是盖里建筑生涯中最受世人推崇的杰作之一。这是一座非借助计算机而无法完成的“时代造化”，由于造型是如此不规则，以至于工程技术人员抱怨说内部没有两个钢构件的长度是完全相同的。《纽约时报》当年发表建筑评论家赫伯特·穆尚（Herbert Muschamp）的文章，毫不掩饰对这座建筑的顶礼膜拜：“传言说奇迹仍会发生，而且有一个奇迹就发生在这儿——这是我们尖叫欢呼的理由，让我们失去克制，把帽子抛向天空……古根海姆博物馆是一座自由联想的圣所。它是一只鸟儿，它是一架飞机，它是超人，它是一艘船，

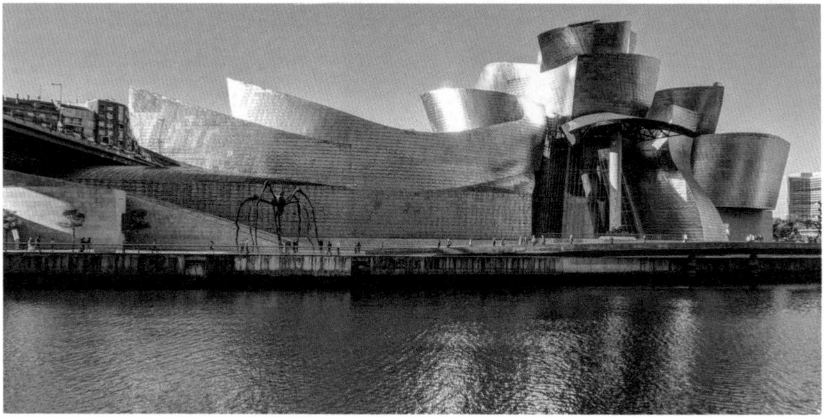

毕尔巴鄂古根海姆博物馆外观（摄影：K. Pandit）

一朵菊花，奇迹的玫瑰，玛丽莲·梦露的再生……掐一下你自己吧，但不要醒来，好让你继续这一梦想。”[61]75 这座建筑开创了奇观建筑新时代。它为毕尔巴鄂带来了巨大的经济效益，仅建成后的头三年，前来参观的游客就接近 400 万人，让这座此前默默无闻的小城一跃成为西班牙最知名的旅游胜地之一，形成了所谓“毕尔巴鄂效应”，也成为全球众多城市争相效仿的榜样。

布拉格舞蹈之家

西雅图流行文化博物馆鸟瞰图

毕尔巴鄂古根海姆博物馆是建造在城市沿河的旧货运火车站搬迁后的空地上。一般来说，欧洲城市居民对他们所在城市的历史氛围是非常珍惜的，即使在旧城生活需要忍受某些生活上的不便，也不能改变他们的这种感情。在这种地区，即使是要建造一座怪异的建筑，也必须要顾及周围的环境脉络。比如 1996 年建成的捷克布拉格的“舞蹈之家”（Dancing House）就是这样的例子，尽管形状怪异，但能够有所克制，基本上能与左邻右舍和睦相处，共同维护街道和城市生活的正常秩序。

但是在美国的某些城市氛围已经大大削弱的地方，因为没有了约束，盖里就可以尽情地施展手脚，丝毫不用考虑与周围环境的协调。2000 年建造的西雅图流行文化博物馆（Museum of Pop Culture）以及 2003 年建成的洛杉矶迪士尼音乐厅（Walt Disney Concert Hall）都是这样的例子，在一定程度上也加剧了这些城市的郊区化进程。

盖里在同矶崎新的一次对话中坦承，在他心目中建筑与雕塑的区别仅仅在于“能开窗采光的是建筑，而雕塑不能。”[60]154 对于很多崇拜者来说，盖里设计的建筑个性非常鲜明。不过也有人认为，盖里不过是在个性化的名义下，在世界各地“栽下”一堆又一堆一模一样的东西：“一招鲜中的一招鲜，自我抄袭、手忙脚乱的姿态设计，在毕尔巴鄂、洛杉矶和西雅图这些地方一堆堆地栽着，不管在哪儿看上去都一样，在哪儿都显得格格不入。”[61]101 这种说法不无道理。如果说，国际风格时代满世界都是火柴盒的话，今天不过是换了一种样子在全世界流行，本质上并没有区别。当年，国际风格刚刚开始流行的时候，大家也是一派敬仰之情，如今这种崇拜又会持续多久呢？时间将会是检验建筑最公正的裁判。“谁又能保证今天被捧为诗意个性化的珍宝，以后不会被批评为四处泛滥的恶劣而媚俗的作品呢？”[61]155

25–5 扎哈·哈迪德

哈迪德（摄影：M. McCartney）

出生于伊拉克的英国建筑家扎哈·哈迪德（Zaha Hadid，1950—2016）是当今世界女性建筑家中的佼佼者，是堪与高迪相比的历史上个性最为鲜明的建筑家，也是当代最受年轻一代推崇的建筑巨星，却在刚刚步入创作生涯高峰时不幸英年早逝，殊为可惜。

哈迪德创作的香港山顶俱乐部设计方案

维特拉消防站外观

维特拉消防站内景，如今已改为展厅

哈迪德的成名作是1982年创作的香港山顶俱乐部（Peak Club）设计方案，被评价为“有如爆炸中的建筑碎片，以锐利的弧线、强烈的动感、震撼的力度，在宇宙空间中飞舞”[60]78。这个解构主义特征明显的设计方案由于得到矶崎新的大力推荐而获得评审第一名，虽一直未能建成，但却使哈迪德一举跻身世界建筑明星行列。

1993年建成的莱茵河畔魏尔的维特拉消防站（Vitra Fire Station）是哈迪德第一项建成的作品。维特拉公司曾受火灾重创，因而萌生修建专用消防站之念。这座消防站由几个极具动态的体块穿插而成，分别用作车库、训练室、更衣室和办公室等不同用途。入口处一片锐利如刀刃的房檐向外刺挑而出，特别引人注目，仿佛爆炸中的建筑碎片，实现了香港山顶俱乐部设计方案的基本构思。

哈迪德常说：“我自己也不晓得下一个建筑物将会是什么样子。”她的设计总是给人异想天开的感觉，所以很多方案在获得建筑专业人员好评之后却不得不停留在图纸上。这种状况直到进入21世纪后才得到改变。2004年，她成为第一位获得普利兹克建筑奖的女性，随之而来的是世界各地雪片般飞来的建筑项目。差不多就是在这个时候，她的建筑风格发生转变，借助计算机软件参数化设计，从略显散乱的解构主义风格转向大体量流线造型，并由此获得“曲线女王”的美誉。

哈迪德的建筑极具雕塑感，曲线处理生动细腻，无人可比。这种造型如果用在空旷的城郊，或者是小型展馆、车站之类的小体量建筑上，比如2011年建成的格拉斯哥河滨博物馆（Riverside Museum），不论从哪个方面来说效果都是很好的。或者如果能够对周围的建筑环境有更多的照顾，就像她在罗马所做的国立21世纪艺术博物馆（MAXXI）那样，对城市景观和城市生活都会是一种很好的补充。但是在那些缺乏约束的地方，比如2014年建成的首尔东大门设计广场，展现出来的却是奇观建筑时代的张扬、挥霍以及对城市传统肌理的蔑视，这是令人非常遗憾的。

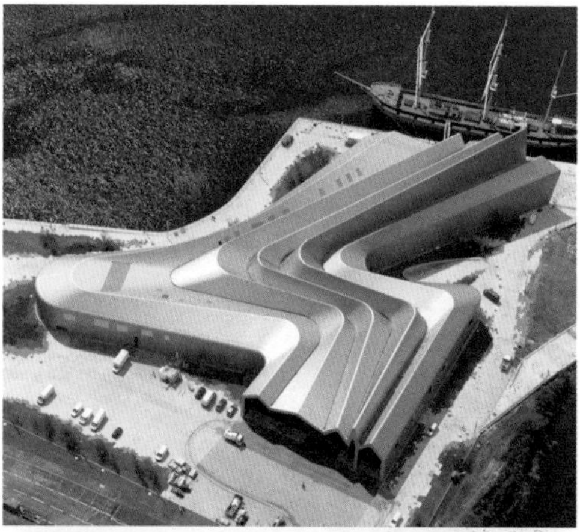

格拉斯哥河滨博物馆（建成于2011年）

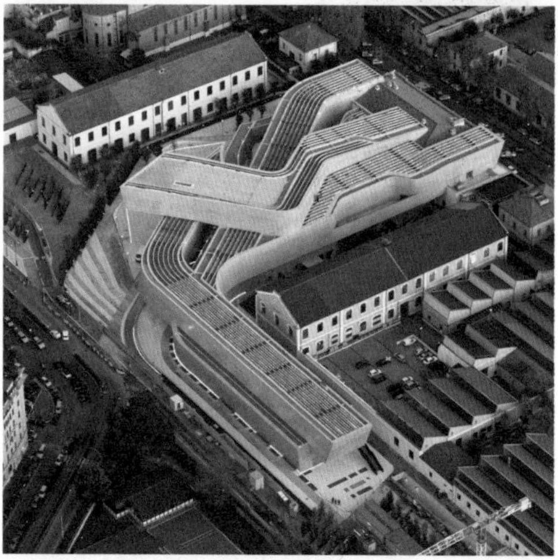

罗马国立21世纪艺术博物馆（建成于2010年）

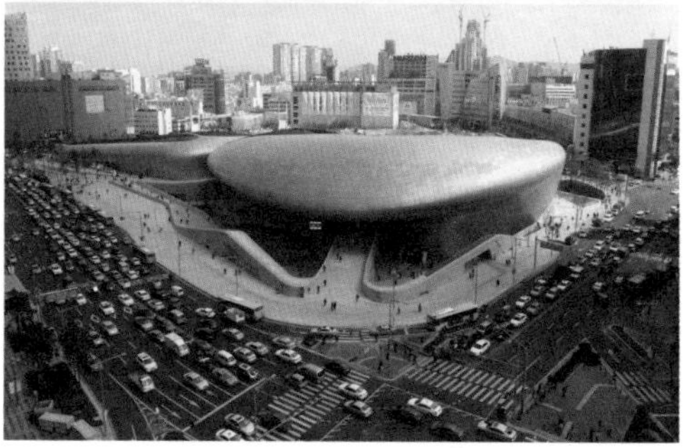

首尔东大门设计广场（建成于2014年）

25-6
雷姆·库哈斯

库哈斯

荷兰建筑家雷姆·库哈斯（Rem Koolhaas，1944—）是奇观建筑时代最有名气的明星建筑家之一，是哈迪德在伦敦建筑联盟学院（Architectural Association School of Architecture）求学时的老师。西雅图中央图书馆（Seattle Central Library）和北京中央电视台总部大楼是他的代表作。

库哈斯还积极投身于理论著作。1995 年出版的（*S*，*M*，*L*，*XL*）是他对于奇观时代建筑环境的概述。他将所有企图确立都市秩序的思想都看成是一场演给人看的假戏，他说，“进步、身份、城市以及街道，这些都是过去的事”，认识到这一点反而也许会让人释怀得到解脱，因为“一切都结束了，城市的故事演完了，城市已经不再存在了，剩下的不过是串在一起的破烂”[61]73。这样一种对待城市和街道极为“消极”的观点很可以解释他以及当代众多明星建筑家在许多城市中的所作所为。

西雅图中央图书馆，造型具有解构主义特征

25-7 丹尼尔·里伯斯金

出生于波兰犹太家庭的美国建筑家丹尼尔·里伯斯金（Daniel Libeskind，1946—）也是奇观时代的明星建筑家。由他于1989年设计中标的柏林犹太博物馆（Jewish Museum Berlin）是德国政府为深刻反思20世纪上半叶那段可耻的历史而兴建的。曲折不定、动荡不安的建筑形态仿佛一曲凄凉的乐曲——里伯斯金少年时代曾经受过音乐方面的专业训练——讲述着犹太人被驱逐被屠杀的那段令人潸然泪下的惨痛经历，建筑表面鞭笞般的深深裂痕在银光闪闪的镀锌幕墙上显得尤为刺目，需要漫长的时间才能将之抚平。

里伯斯金

柏林犹太博物馆，左侧为老馆，右侧为里伯斯金设计的新馆

这座柏林犹太博物馆的建造开创了 20 世纪末到 21 世纪初世界范围的创伤纪念主题博物馆建设风潮。里伯斯金本人也在此后承担了多座博物馆的设计工作，其中包括 2006 年建成的丹佛艺术博物馆新翼汉密尔顿馆（Hamilton Building at DAM）。里伯斯金在描绘他的创作理念时说，当这一设计概念“降临到我的头上时，我正在飞越落基山脉上空，于是我就把舷窗外的山体形状拷贝到我的设计中去。我受到了落基山脉光线和地理形态的启发，但给予我灵感更多的是丹佛人民那宽广开放的脸庞”[61]77。听上去十分感人。

里伯斯金在评论自己的设计思想时说：“我为谁而建？我认为每一座建筑都是在和那个不在那儿的人对话。每座优秀建筑的对话对象，不是公众，不是那些在建筑边走过或是使用这座建筑的人。它的对话对象是在两种意义上未出现的人——那些生活在过去的和那些生活在未来的人。我认为那些才是建筑的对话对象，那才是让这座建筑变得重要的人。”[61]83 这样的话听起来很有哲理，可是仔细想想，又有些不知所云。这或许就是当代明星建筑家的惯用逻辑吧。英国建筑评论家汤姆·迪克霍夫（Tom Dyckhoff）不客气地指出：“他的设计，好像是在兜售一批可供出租的公寓。同样的建筑形态，既可以用来象征犹太人的流离失所，也可以用来形容荒野开拓精神，这就让这些象征作用变得毫无意义。”[61]122 这样的指责确实有些令人难堪。如果仅仅是凭借说辞来赋予建筑内涵的话，那么很多时候真是不堪一击的。

丹佛艺术博物馆新翼汉密尔顿馆

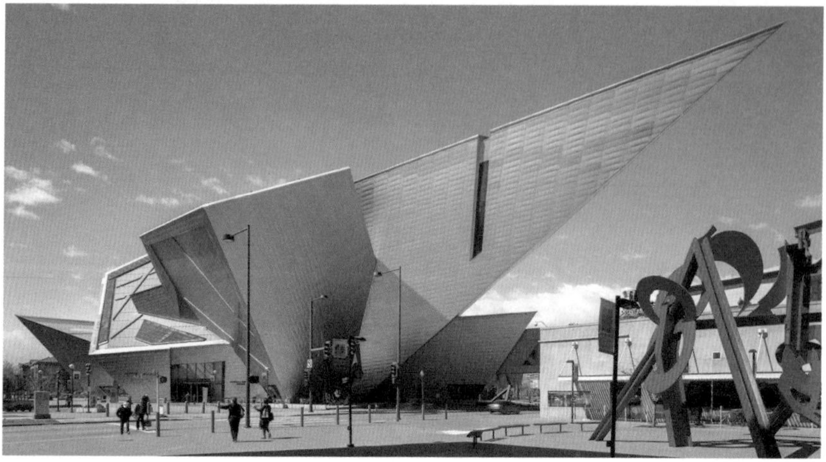

第六部

现代主义之后

第二十六章 后现代主义

『少使人厌烦。』

26-1 现代主义的葬礼

1977 年，查尔斯·詹克斯发表著作《后现代建筑语言》。在这本书开篇第一段，他以一种耸人听闻的方式断然宣称，在“名声很糟的普鲁伊特 – 艾格（Pruitt-Igoe）居住区，或者说它的若干板式建筑物由黄色炸药给予了慈悲的临终一击”之后，“现代建筑，1972 年 7 月 15 日下午 3 点 32 分㊀于密苏里州圣路易斯城死去”[63]。

由 33 栋 11 层公寓楼组成的普鲁伊特 – 艾格居住区建成于 1956 年，由美国联邦政府提供资金。政府的本意是要建设一个理想、和谐和看不见贫民窟的新型现代住宅区。后来以设计纽约世贸中心闻名的山崎实担任这

㊀ 实际上，普鲁伊特 - 艾格居住区是在 1972 年 3 月 16 日下午 3 时左右爆破拆除第一栋公寓的。多年后，詹克斯在其新著《后现代主义的故事——符号建筑、地标建筑和批判性建筑的 50 年历史》中坦承他当时并不确切知道具体爆炸时间，“这仅仅是为了更精确地告诉读者现代主义消亡的时间”。

普鲁伊特 - 艾格居住区鸟瞰图

个项目的建筑师。他完全采用勒·柯布西耶“光辉城市”理念所推崇的、在绿色草地簇拥下的高层住宅设计思想。为了尽可能节约成本，大楼仿效马赛联合公寓的模式仅在第 1 层、4 层、7 层、10 层设置电梯，而后通过封闭的内部步行通道——勒·柯布西耶称其为“空中街道”——联系每一层的 20 个家庭。美国新闻工作者汤姆·沃尔夫（Tom Wolfe）评论说，由于该居住区没有任何常规意义上的街道和商铺，“空中街道”也没有警察巡逻，于是“一般来说发生在酒吧、妓院、社交俱乐部、台球厅、娱乐中心、杂货店、玉米仓、小园圃、干草堆、厩房的事，现在都发生在空中街道之中”。小区的居住环境急剧恶化，沦为各种犯罪行为的“天堂”。圣路易斯市政府竭尽全力要挽回局面，他们投入了数百万美元尝试各种改造方法，召开了一次又一次的会议，制定了一个又一个特别行动小组计划。1971 年，最后一个特别行动小组召集仍然留在该社区中的全体居民开会，请他们提建议。汤姆·沃尔夫描述说：“这次会议具有历史意义。一是在工人住宅 50 年的发展史中，第一次邀请当事人发表自己的意见；二是意见只有一个，居民异口同声地回答‘炸掉它！炸掉它！炸掉它！’第二天这个特别行动小组想通了，这些可怜的家伙是对的，那是唯一的解决办法。”[64]

1972 年 4 月，普鲁伊特 - 艾格居住区的第二栋高层住宅在电视直播镜头前轰然倒塌

在最后一栋大楼于 1976 年被爆破拆除后，除了社区学校被保留外，曾经的普鲁伊特 – 艾格居住区全都化为尘土。该地块空置至今，未再重建。

为什么一个看上去妙不可言的现代住宅小区仅仅存活了十几年就遭到这样的命运呢？应该承认，不论是小区的设计者山崎实还是现代建筑和城市规划理论的开创者勒·柯布西耶，他们都是怀着建立城市新秩序的美好愿望投身于建筑事业的，可是到了 20 世纪 60 年代以后，他们所“一厢情愿”建立起来的“理想社会”体系就逐渐崩溃了，因为他们的理论有着重大的缺陷。

前面介绍过勒·柯布西耶集毕生心血所做的《光辉城市》。无可否认，从这本书的字里行间，从勒·柯布西耶一生的工作经历来看，他对世人确实是充满爱意的，他渴望城市能够摆脱混乱、拥挤、肮脏、无序、低效的面貌。在他的世界里，人活着就是为了能够吃饱饭，快速地到达工作岗位，高效率地工作，下班后去公园锻炼身体，回家睡个安稳觉，然后第二天继续吃饭、上班、锻炼、睡觉。在勒·柯布西耶看来，城市就是一个“生存空间”，“它涉及的无非是人的生理需求和感情需求”。对于生理需求，他认为就是这么几个方面：“隔声”“日照”“纯净空气”“在家中克服疲倦所需的时间”以及“体力与精力的恢复”。对于情感需求，他认为就是两条：“视觉戏剧”和“建筑学”。只要把那些他认为“不协调”的视觉因素消除了，人的情感需求就可以得到满足。他把城市生活的一切都看成是“功能”需要。在他的城市中，大学被安排在离城市最远的地方，因为这样，他的孩子就可以安心学习，不会受到世俗生活的干扰。

可是他忽视了一条，他的孩子首先是一个人而不是一台机器。人与机器的区别不是他会做机器不会做的事情，而是人是有情感的，是有喜怒哀乐的，是可以按照自己的心意逛马路、泡茶、闲聊、打游戏、无所事事的。可是这些与工作无关的事情在勒·柯布西耶看来都是“消极的生活”。他说：“今日之时的当务之急，我们不能放任几百万男男女女和年轻人每天有七八个小时的时间在街上闲逛。”他丝毫不关心人作为个体的存在、情感、差异、选择。他以为只要有了“阳光”“空气”“绿化”，人的一切问题都可以解决。他的光辉城市没有路边小酒馆和自由市场的存在空间，他要把所有的农贸市场都拆除。“是的！一定要拆得一干二净。”因为在这些市场里讨价还价完全是浪费时间，你所要的营养元素他全都在居住大楼的配给中心分配好了。“但是，如此一来，岂不是千千万万个小商户都会失业？”勒·柯布西耶自问自答道：“当然！这是扫清城市浪费的一个重要步骤。”[39]

詹克斯评论说：“从严格意义上讲，现代主义的道德失败最开始体现在与极权主义统治阶级串通，后来又发展到向整个统治力量体制妥协。抽象地说，这意味着建筑更倾向于生产者而不是消费者；更倾向于官僚而非居民；更倾向于政府而非人民；更倾向于公司而非它的邻居。”[65] 他说的不完全，现代主义的受益者还有第三种人。在过去，不论是东西方，建筑都是扎扎实实地落在土地上的，必须遵守基地的基本法则，必须顾及基地周边的建筑关系，而勒·柯布西耶所推崇的把建筑完全架空于基地、肌理、历史的一整套理论，给了现代建筑师一个启示：只要能够打出一个响亮的旗号或漂亮的理念，那么建筑就可以不再服从千百年来所形成的土地设计章法。正像美国建筑家埃蒙德·培根（Edmund Bacon，1910—2005）形容的那样，于是许多建筑师开始“专心致力于建筑设计，完全不顾建筑的环境；不假思索地任意确定建筑的位置，无视总的设计原则”[9]231。建筑师们由此获得了彻底的设计自由。现代主义的主要鼓吹者之一，瑞士建筑评论家西格弗里德·吉迪恩（Sigfried Giedion，1888—1968）就曾明确地说：“建筑很久以前就不再是按照业主要求精确建造的一种生意人式、专家式的积极工作了，而是已经获得勇气去处理并帮助塑造生活。”[27]488 勒·柯布西耶说：“这样的方案就是你们的圣主明君。”[39]

对于这样的建筑师以及他们所一手打造的现代建筑教育体系，有一位睿智的女性早在 1961 年就大声指出：“他们今天所学的这一切，将给明天的城市带来痛苦。”[66]15 她说的一点也不错。她的名字叫简·雅各布斯（Jane Jacobs，1916—2006）。

简·雅各布斯与《美国大城市的死与生》

雅各布斯在 1961 年的一次抗议活动上

1952 年，简·雅各布斯成为纽约《建筑论坛》（Architectural Forum）杂志记者，开始从事与城市规划建设相关的报道工作。在其后的几年里，她与包括当时担任费城总规划师的埃德蒙·培根以及建筑评论家刘易斯·芒福德等在内的建筑规划界专业人士进行广泛接触，对当时正在美国许多城市开展的清除贫民窟运动（前文中提到的贝聿铭参与的纽约基普斯湾住宅和费城社会岭公寓、约翰逊等人参与的纽约林肯中心项目以及山崎实的圣路易斯市普鲁伊特 - 艾格居住区项目都是这个运动的产物）提出质疑。1958 年，在洛克菲勒基金会的资助下，雅各布斯对城市规划与城市生活的关系展开专项研究，并于 1961 年将研究成果以《美国大城市的死与生》为题予以出版，对以勒·柯布西耶为代表的现代城市规划思想进行猛烈抨击。雅各布斯随后又参与了美国和加拿大的一系列反对修建穿城高速公路、反对以清除贫民窟为名在城市中大肆拆建的抗议运动。她以她的著作和实际行动极大地影响甚至扭转了美国城市规划进程，堪称是现代主义之后新时代的开创者。

雅各布斯没有接受过任何专业建筑教育，这就使得她对现代主义的批判被以男性为主导的建筑和规划专业领域嘲笑为“家庭主妇”式的见解。但这实际上恰恰是雅各布斯的理论中最有价值的地方。她能够跳出建筑专业的盲区，以更加贴近生活的、普通使用者的角度清醒地看待建筑和城市规划的真正价值。在这部后来被誉为是“20 世纪后半叶最重要的建筑理论著作”中，雅各布斯从导言部分一开始就表明了她的写作立场：“我所进行的抨击不是对重建改造方法的一些不痛不痒的批评，或对城市设计的吹毛求疵。恰恰相反，我要抨击的是那些统治现代城市规划和重建改造正统理论的原则和目的……他们面对的是他们根本不甚了解的复杂现象，却试图用一种伪科学来加以应付。城市改造和规划中的伪科学与医学中的放血疗法如出一辙，经年之学和数不胜数的微妙复杂的教条原来却建于一派胡言之上。”[67]2-10 她将矛头直指现代城市规划理论的三个源头：英国城市学家埃比尼泽·霍华德（Ebenezer Howard，1850—1928）的田园城市理论（Garden Cities）、勒·柯布西耶的光辉城市以及城市美化运动（City Beautiful Movement）。

在雅各布斯看来，霍华德的田园城市理论将生活问题简单化，认为人活着好像就是为了工作，然后赚钱、吃饭、睡觉。只要把这些过程安排妥当，人就可以满足了，就可以过上田园般的幸福生活。雅各布斯指出：“霍华德创立了一套强大的摧毁城市的思想。他认为处理城市功能的方法应是分离或分类用途，并以相对自我封闭的方式来安排这些用途。他把重点放在对‘健康’住宅的提供上，把它看作是中心问题，别的都隶属于它。但他只是从郊区的环境特点和小城镇的社会特征两个方面来界定健康住宅的概念。他把商业设定为固定的、标准化的物品供应，只是为一个自我限定的市场服务。他认为规划必须要预见到日后需要的一切。他把规划行为看成是一种本质上的家长式行为，如果不是专制的话。对城市中那些不能被抽出来为他的乌托邦式构想服务的方面，他一概不感兴趣。特别是，他一笔勾销了大都市复杂的、互相关联的、多方位的文化生活。他对大城市管理自己的方式、交流思想的方式、政治运作的方式、开拓新的经济部署的方式不感兴趣。他根本没有要想方设法加强这些功能的概念，因为他本来就不是要规划这样的生活。”[67]15

在雅各布斯看来，霍华德的思想被后来的现代主义建筑家继承，其中“最知道怎样把反城市的规划融进这个罪恶堡垒里的人是一位欧洲建筑师，名叫勒·柯布西耶”。勒·柯布西耶所设想的现代城市同样采取功能分区的原则，城市中有现代化的畅通无阻的交通网、高速公路、立交桥，摩天楼周围是广阔的花园草地。雅各布斯指出：“勒·柯布西耶不仅仅是在规划一个具体的环境，他也是在为一个乌托邦社会作出规划。勒·柯布西耶的乌托邦为实现他称之为最大的个人自由提供了条件，但是这样的条件似乎不是指能有更多行动的自由，而是远离了责任的自由。在他的光辉城市里，很可能没有人会为家人照料屋子，没有人会需要按自己的想法去奋斗，没有人会被责任所羁绊。”[67]17-18 因为这样的城市会扼杀思想，没有灵魂。

现代主义规划思想的第三个源头是 19 世纪末 20 世纪初出现的城市美化运动，意图通过为城市引入宏大亮丽的标志性建筑和景观来提升城市的道德和价值观，把建筑个体的辉煌壮丽而不是它在社会生活中扮演的平台作用当作评判建筑价值的主要取向。这种思想与田园城市和光辉城市的教条结合在一起，“全部的观念和计划都与城市的运转机制无关。缺乏研究，缺乏尊重，城市成为牺牲品”[67]21。

如果仅仅是对他人观点的批判，就算再尖锐再深刻，如果批判者不能拿出自己的新解，那么这种批判就仅仅只是个人情感的发泄而已。雅各布斯的过人之处在于，她的批判并不只是停留在个人情感阶段，而是通过深入细致地观察城市中普通人生活的场景和事件，寻找和辨识其中的线索，努力揭示其中的意义，这样就使得她对现代主义的批判有的放矢，具有实实在在的价值。她的观察和分析主要集中在两个方面：街道的作用以及多样性的意义。

首先是街道的作用。在雅各布斯看来，街道绝不仅仅是用来提供上下班通勤的道路，更是编织人们日常生活交往的那张网。就像雅各布斯说的，尽管这种交往“表现出无组织、无目的和低层次的一面，但它是一种本钱，城市生活的富有就是从这里开始的”[67]64。可以说，街道生活就是城市的灵魂。由于有了街道网络所产生的交往，原本互不相识的人与人之间会建立起一种特殊的信任。“在酒吧前停下来喝上一杯啤酒，从杂货店里得到一个建议，在面包房与其他顾客交换主意，倾听五金店里的人关于某个工作的闲谈，从杂货店主那儿借一元钱，赞美新生婴儿，互相比较他们的宠物狗。”所有这些事情都是鸡毛蒜皮的小事，但是小事汇集在一起就可能会产生非同寻常的意义：“这种在某个街区范围内平常的、公开的接触——

大部分都是偶然发生的，都是跟小事有关，所有的事都是个人自己去做的，并不是被别人强迫去做的——其总和是人们对公共身份的一种感觉，是公共尊重和信任的一张网络，是在个人或街区需要时能做出贡献的一种资源。”[67]49

由于有了街道网络所产生的交往，行走在街道上的人会产生一种特别的安全感。雅各布斯把“维护城市的安全”看作是城市街道和人行道的“根本任务”。她说：“一个成功的城市地区的基本原则是人们在街上身处陌生人之间时必须能感到人身安全，必须不会潜意识感觉到陌生人的威胁。”[67]26 要做到这一点，不能光靠那些有组织的警察、保安和监控探头。如果每一家每一户的窗户都对着街道；如果住宅与街道不是用封闭的围墙和绿化带隔离开，而是用有座椅的私人小庭院、小平台联系；如果街道上总是有这样那样的行人经过；如果街道旁总是有这样那样的小商店，这条街道所能给人的安全感一定会更多。同样重要的是，由于有了街道网络所产生的交往，孩子们可以在一个正常的、健全的环境下成长。城市街道不仅可以为孩子提供自由自在、丰富多彩的活动天地，还可以扮演一种特别的教化作用。雅各布斯举了一个自己的例子，她的儿子在街头玩耍，不小心跑到马路上，路边开店的锁匠朝他大喊，并且把事情告诉孩子的父亲。雅各布斯认为，这件事的意义不仅是体现在锁匠阻止孩子犯错，更重要的是孩子能从成人的表现中得到一种体验：“人们相互间即使没有任何关系也必须有哪怕是一点点对彼此的公共责任感。”[67]73 生活才是最好的课堂。

其次是多样性。城市与乡村最大的差别就是多样性，城市具有乡村永远无法比拟的丰富多彩的生活方式。这种丰富多彩不可能通过人为的功能分区来实现。雅各布斯提出，要想在城市的街道和地区产生丰富的多

多样的伦敦城，右侧是时尚的高技派劳埃德大厦，左侧是古老的利德贺市场

样性，有四个条件不可缺少：主要用途的混合、小街段、新老建筑混合以及密度与高用地覆盖率。雅各布斯认为：“地区以及内部区域的主要功能必须要多于一个，最好是多于两个。这些功能必须要确保人流的存在，不管是按照不同的日程出门的人，还是因不同的目的来的人，他们都应该能够使用很多共同的设施。”[67]137 现代主义功能分区的一个重大缺点就是功能单一化，住宅区一到上班时间就杳无人影，工作区一到下班时间就人去楼空，结果不仅造成基础设施重复建设，而且人们总是疲于奔命，丧失了积极交往的基本条件。另一方面，主要用途的混合还会带来真正意义上的建筑造型差异。关于街区的体量，雅各布斯认为：“大多数的街段必须要短，也就是说，在街道上能够很容易拐弯。”[67]161 街段的短小意味着在同样区域面积中街道的总长度会变多，人和人交流的机会会增多，沿街的停车位会增加，商机也会增多。关于新老建筑混合，雅各布斯认为：“一个地区的建筑应该各色各样，年代和状况各不相同，应包括有适当比例的老建筑。”[67]170 老建筑的存在，不仅提供了视觉上的丰富性，而且也为各种不同的生活方式提供了条件：对某些商业类型来说，过时陈旧的建筑恰好是另一些商业类型眼中的宝贝；在这个时代平平常常的东西，到下一个时代可能就是无价珍宝。

除了街道和多样性之外，雅各布斯在书中还探讨了现代城市存在的其他一些重要问题：城市中的贫民区问题、城市建设的资金投入问题、对住宅的资助问题以及城市交通问题。雅各布斯指出，今天的城市发展面临两个选项：要么城市被日益增加的汽车蚕食，要么城市限制汽车的发展。她说：“把城市的交通问题只简单地看成是一个分流行人和车辆的问题，并把实现这种分流看成是一个主要的原则，这种思想和做法完全是搞错了方向。”[67]319 解决问题的关键是真正实现城市多样化，要把城市变成一张大网，而不是一棵大树。通过多样化的、自然合理的城市设计，降低人们对汽车出行的需求，这是完全有可能实现的。

雅各布斯最后指出：“一个城市有了活力，也就有了战胜困难的武器。而一个拥有活力的城市本身就会拥有理解、交流、发现和创造这种武器的能力。”[67]411 这种活力必须从也只能从城市自身去寻找。

26-3

罗伯特·文丘里

在建筑实践领域，简·雅各布斯所倡导的这种变革是一点一点开始的。首先是从建筑的外在形式。

文丘里及其设计的具有后现代主义风格的家具

1966年，美国建筑家罗伯特·文丘里（Robert Venturi，1925—2018）出版著作《建筑的复杂性与矛盾性》。在这本书中，他对“少就是多”的现代建筑设计思想提出质疑。他认为现代建筑“强求简练的结果是过分简单化，简练不成反为简陋。大事简化的结果是产生大批平淡的建筑。”他宣称，建筑中“能深刻有力地满足人们心灵的简练的美，都来自内在的复杂性”，而“少使人厌烦”。为了实现所谓“建筑的复杂性和矛盾性”，文丘里主张向传统学习，通过对传统符号的运用来保持住“历史意识”，以“不传统地运用传统”的方式来创造“混杂”“折中”“扭曲”“含糊”的，有时还“反常”甚至有点“恼人”的，虽“杂乱”而有“活力”的建筑。[67] 他的这本书被认为是后现代主义（Post-Modernism）㊀的理论基石。

文丘里的第一座后现代主义作品是1963年建于费城的一座为老年人

㊀ 这个现代主义之后最具有知名度的流派，其命名是来自于10年后出版的詹克斯的《后现代建筑语言》。

服务的公寓建筑——公会之家（Guild House）。在这里，文丘里用“不传统”的方式为建筑导入了多种传统符号。比如首层入口外墙面贴白色反光瓷砖，与其余部分深棕色砖墙形成奇怪的对比。这种做法看似模仿古典建筑设置基座层，但“基座”在这里并没有给人以应有的稳固感。又比如上面看似圆形山花而实际是顶层拱形大窗的做法也是似是而非的传统符号，用出现在窗前穿着睡衣的老人取代传统山花中的英雄人物雕像。最“不传统”的做法是在“山花”顶上按传统通常是摆放圣人像的位置，文丘里却安装了一架象征着老年人生活的电视天线，并且将它刷成金色。这个想法是如此的“不传统”，以至于在建成后又被难以接受的业主给取了下来。

公会之家，拍摄时屋顶天线尚未被取下

范娜·文丘里之家外观

范娜·文丘里之家内景

1964年于费城北郊为其母亲建设的范娜·文丘里之家（Vanna Venturi House）也能体现文丘里“不传统地运用传统”的设计思想：开了裂缝的人字形山花、微微偏离对称轴的烟囱、似是而非的拱形山花装饰线等。这些元素在立面上是如此的“复杂”和“矛盾”，以至于仿佛需要用一根绳子将它们捆绑在一起以免它们分崩离析。它的平面布置也同样充满“复杂”和“矛盾”：几道斜墙似乎左右对称，但斜度显然各不相同；通往二楼的楼梯在逐渐加宽后却被一堵墙半路切断，真有点“不撞南墙不回头”的意思。

文丘里对现代建筑的批判主要集中在建筑乏味的外表上。尽管实际上20世纪现代主义对城市造成的最大伤害并不是建筑的外形变化，而是将建筑与所在地方的环境、人文、历史和传统脱节开来，切断新旧建筑之间的联系，把建筑变成城市中的孤岛，把城市变成飘荡于车海上的岛礁群，从根本上破坏了城市生活，但是文丘里却抓住了现代建筑的一个重要弱点，那就是没有立面。从格罗皮乌斯设计法古斯工厂开始，现代建筑就将造型设计的重点放在作为整体的几何形体关系上，对传统的立面设计嗤之以鼻。而从文丘里开始，建筑的立面设计重新成为关注的话题，实际上是后现代主义建筑家最关注的话题。尽管这种后现代形式的立面设计在今天看来可能是有些卡通、有些肤浅甚至有些滑稽的，但这毕竟是一个重要的开始。当建筑师重新开始重视建筑立面设计的时候，只要再往前迈一步，他们就将再次发现，建筑立面不仅可以用来围合建筑内部空间和塑造建筑形体，更可以用来形成建筑的外部空间，也就是街道和广场。真要走到这一步，那么曾经被现代主义所破坏的城市环境就有可能真正得到修复。后现代主义建筑家们走出了第一步。

26-4 查尔斯·摩尔

查尔斯·摩尔（Charles Moore，1925—1993）是最知名的美国后现代主义建筑家之一，曾在1965—1970年继保罗·鲁道夫之后担任耶鲁大学建筑学院院长。他的代表作品是与奥古斯特·佩雷斯（第三代）（August Perez III，1933—2014）合作、于1978年完

新奥尔良意大利广场上的摩尔头像

新奥尔良的意大利广场

成的“意大利广场”（Piazza d'Italia），位于拥有众多意大利移民的路易斯安那州新奥尔良市。这是一座圆形平面的广场，从“阿尔卑斯山”淌下的清泉浸润了“意大利半岛”。“西西里岛”位于广场中心，一圈圈环状波纹由此向四周发散。在半岛的两侧分布着一系列弧形柱廊，都是典型的“不传统地对待传统”的方式：柱头和柱身用亮闪闪的不锈钢制作，有的“柱身”甚至是用水喷出来的，檐部也是虚虚实实，拱肩上还雕刻着摩尔本人的喷水头像，更不用说那“切片蛋糕式”的柱基。摩尔坦承自己是用近乎玩世不恭的态度来进行设计的：“我记得建筑柱式是来自意大利，并带有一点希腊的影响，所以我就想把塔斯干、多立克、爱奥尼克和科林斯的柱式统统用在喷泉上，但是这样一来反而显得过分，把意大利的形象遮蔽了，于是我们改为采用一种‘意大利熟食柱式’，其形象就像熟肉店橱窗中悬挂的香肠，可以证明它的阿尔卑斯地区属性。”[25]329

新奥尔良的意大利广场设计模型

摩尔原本计划在广场周围建造一圈商业建筑，市府当局希望用这个项目带动该地区商业发展，但是由于未能筹措到足够的资金，结果仅有广场本身得以建成，让摩尔的设计意图大打折扣。不过即使如此，这座广场还是引起了很大轰动。美国著名建筑评论家保罗·戈德伯格（Paul Goldberger，1950—）在它落成后不久所写的一篇评论中指出，它是“打在古典派脸上的一记庸俗的耳光”，它“有一种极好的性格，充满亲切意味，热情快乐”，它“完全不是对古典主义的嘲弄”，而是“一种欢欣，几乎是对古典传统歇斯底里般高兴的拥抱”[68]41。

26-5 后现代主义时代的菲利普·约翰逊

20世纪70年代末，曾经是密斯风格忠实追随者的菲利普·约翰逊摇身一变成为后现代主义大将。由他和搭档约翰·伯吉（John Burgee，1933—）设计的美国电话电报公司总部大厦（AT&T Building，现改称为麦迪逊大道550号大厦）于1984年落成，是20世纪80年代最具有轰动效应的后现代主义建筑，开创了摩天楼的后现代主义风格新阶段。早在1978年3月，《纽约时报》就迫不及待地在头版刊登了大厦的设计方案，戈德伯格在文章中热情地称颂说“自从20世纪30年代克莱斯勒大厦打击了传统主义者以来，这幢大厦在纽约，如果夸大点说，无疑是最富挑衅性和最大胆的了。想当年克莱斯勒闪烁的钢尖塔震撼了充满城市的传统石筑大楼。现在，当摩天楼通常

约翰逊与美国电话电报公司总部大厦模型

原美国电话电报公司总部大厦远眺

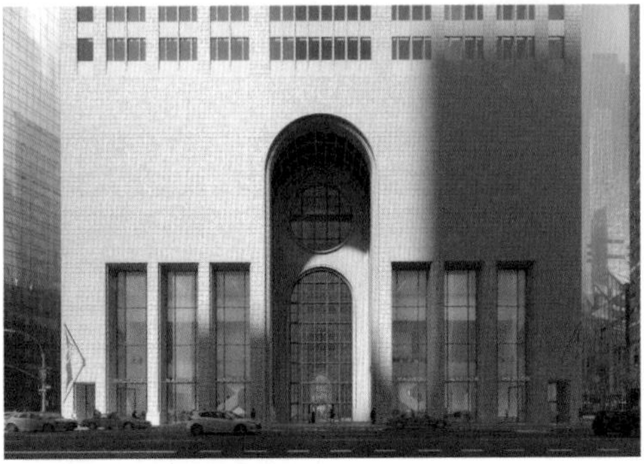

翻新改造后的麦迪逊大道550号主入口，外观基本保持原设计

都用玻璃和钢材的时候，而它却用装饰性的石头表面震撼它们”，它是在“有意指责那些玻璃与钢的大楼，那些大楼使曼哈顿中心区成了方盒子城市”[69]25。

希拉里·弗伦奇曾经不无幽默地指出：“后现代主义这一风格的秘诀是从任何时期、任何地方的建筑中拿取熟识的一部分，然后随心所欲地重新使用。”[62]122 这座美国电话电报公司总部大厦就是这句话的真实写照。这座高达180米的钢结构摩天楼外表被约翰逊用13000吨做工精致的磨光花岗石饰面板严严实实地包裹起来。大厦立面设计采用艺术装饰风格，底部拱廊令人联想到布鲁内莱斯基设计的佛罗伦萨帕齐礼拜堂，大厅内部则是罗马风时代修道院的模样。最令人惊奇的是其顶部的山墙设计，其中部被挖掉一个很大的圆形缺口，仿佛是18世纪英国著名橱柜制造商汤玛斯·齐本德尔（Thomas Chippendale，1718—1779）设计的橱柜，有人因此嘲笑它为“爷爷辈的座钟”。不过戈德伯格对此还不满足。他在文章中大胆建议：“如果建筑师对他们的设计深入下去，在山墙的圆口里进行蒸汽排放，再将泛光灯照射这些蒸汽，这会是一种惊人的景观。”[69]27

26-6 迈克尔·格雷夫斯

格雷夫斯

1982 年建成的俄勒冈州波特兰市政厅（Portland Municipal Services Building）也是后现代主义的有名作品。在作为评委的菲利普·约翰逊的热忱推荐下，波特兰市政府决定采用普林斯顿大学建筑学教授迈克尔·格雷夫斯（Michael Graves，1934—2015）的方案。它的体量四四方方，下面是阶梯金字塔式的基座，立面是极度夸张的巨柱和雕像。格雷夫斯原本还打算在屋顶上建造一组希腊卫城式的小神庙。它的室内装饰也带有充满戏谑性质的后现代主义特征。作为第一座引入后现代主义风格的政府建筑，这座市政厅引起很大非议。许多人批评它根本就不像建筑，而是一个大包装盒。这种耸动效果正是这个时代包括后现代主义、高技派和解构主义在内的建筑师们的共同追求。

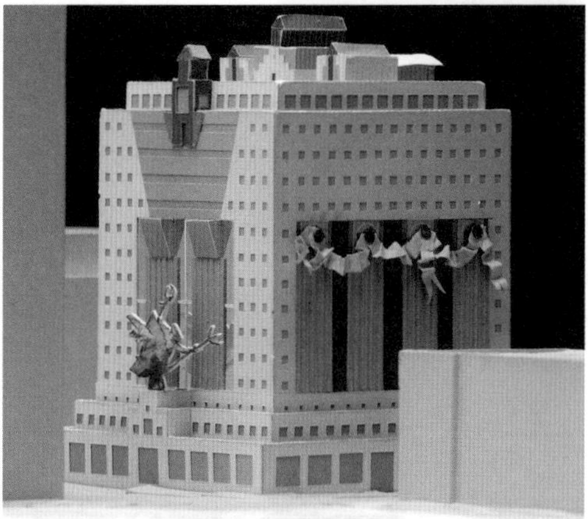
波特兰市政厅设计模型

格雷夫斯在工业设计领域也卓然有成。他在 1985 年为意大利阿莱西公司（Alessi）设计的自鸣水壶是 20 世纪 80 年代最受欧美公众欢迎的后现代主义工业产品之一。

格雷夫斯为阿莱西公司设计的自鸣水壶

詹姆斯·斯特林

斯特林（摄于1962年）

詹姆斯·斯特林（James Stirling，1926—1992）是第二次世界大战之后英国涌现出来的优秀建筑家。他的早期代表作是1959—1963年与詹姆斯·高恩（James Gowan，1923—2015）合作设计建造的英国莱斯特大学工程馆（Leicester University Engineering Building）。

这座建筑由办公楼、实验楼、讲堂和车间综合而成：办公楼是一座瘦削的塔楼，拥有密斯倡导的玻璃幕墙，而粗砖饰的檐部表面以及向外伸出的混凝土立柱又是粗野主义的风格；旁边的实验楼乍一看是规规矩矩的，细看则发现它的横向长玻璃窗仿佛承受不住上方砖墙的分量而被挤压得向外爆出；两座塔楼的底部都高高架起，其间穿插两个阶梯讲堂，楔形挑出的造型令人联想到俄国构成主义建筑家梅尔尼科夫设计的工人俱乐部；两座塔楼之间以及后方建有两座独立的楼梯塔，其构思显然取材于路易·康的理查德森医学研究楼；最后是大面积水平摊开的实验车间，拥有一个如赖特的约翰逊制蜡公司办公楼式的封闭基座层

莱斯特大学工程馆东侧外观

和透明顶棚。这些部分相互之间性格差异很大，好像各不相干，但被斯特林“强行”组织在一起后，却异乎寻常地协调在具有英国乡土情调的红砖玻璃搭配以及各方向的斜倒角上。这样的艺术构思与功能主义的考虑无关，更多是建立在斯特林对形式的独特理解之上。他赋予构成建筑的各个成分独立自主的性格，让它们以“建筑自己的”方式进行“对话”。[69] 这样一种类似拼贴画似的设计语言在斯特林手中运用得十分娴熟，对不久之后他转向后现代主义无疑是有关系的。

20 世纪 70 年代起，斯特林正式转向后现代主义。他于 1977—1984 年设计建设的德国斯图加特国立美术馆新馆（Neus Staatsgalerie）是欧洲后现代主义的经典之作。这座新馆位于 19 世纪新古典主义风格的老馆旁边，在许多方面与老馆相呼应，但却是通过“不传统地对待传统”的后现代方式：中央庭院耸立着仅剩下墙体的“罗马万神庙”、取代英雄雕像的时尚出租车候车亭、不断转折变化的主轴线以及只能用“香艳”来形容的金属表面油漆。在古典传统浓郁的欧洲，这种游戏性质的“反传统”做法是前所未见的。

斯图加特国立美术馆新馆外观局部

斯图加特国立美术馆新馆鸟瞰图，左侧为老馆（摄影：R. Grahn）

26-8 汉斯·霍莱因

霍莱因

奥地利建筑师汉斯·霍莱因（Hans Hollein，1934—2014）也是一位非常出色的欧洲后现代主义建筑家。他于 1976 年设计的维也纳奥地利旅行社（Austrian Travel Agency）是后现代主义室内设计名作。它的门面并不起眼，但只要你一走进去，就像是展开了一场异国风情游：象征热带地区的金色棕榈树和白色沙滩、正在锈蚀剥落的古希腊柱子、印度莫卧儿风格的凉亭以及墙面上逐渐倾覆的埃及金字塔，而拱形发光顶棚则令人联想起奥托·瓦格纳的名作维也纳邮政储蓄银行。

维也纳奥地利旅行社大厅，现已不复存在

霍莱因还是著名的“孟菲斯集团”（Memphis Group）成员之一。他于 1981 年设计的“玛丽莲沙发”（Marilyn Sofa）将欧洲古典家具风格与美国影星玛丽莲·梦露（Marilyn Monroe，1926—1962）的曲线身姿糅合在一起，具有鲜明的后现代主义特征。

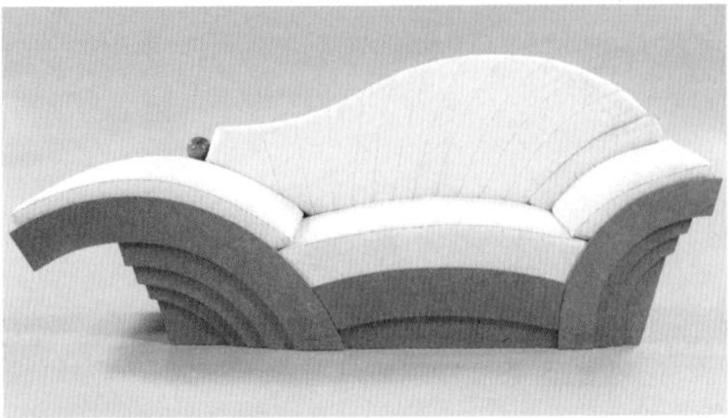

玛丽莲沙发

26-9 后现代主义时代的矶崎新

筑波中心

由矶崎新 1983 年设计建成的筑波中心是日本最有代表性的后现代主义建筑佳作。它也是用世界各地不同历史时期搜罗来的建筑题材编织而成的“群体肖像画”[70]。广场看上去是米开朗基罗设计的罗马卡比托利欧广场的翻版，但卡比托利欧广场是建在小山坡上的，而矶崎新的“罗马广场”却沉入地下；卡比托利欧广场的构图中心是罗马皇帝的铜像，而矶崎新的“罗马广场”中心却消失在一泓清泉之中。广场的一角被一片不规则的石径打断，一条小溪在其中流淌，这令人联想起此前刚刚完成的新奥尔良意大利广场。石径的最高处有一棵青铜月桂树，其做法与维也纳奥地利旅行社相似。建筑的立面也是各个时期不同风格建筑师作品片断的综合，其中就包括矶崎新自己设计的群马近代美术馆。

玛丽莲·梦露椅

矶崎新也是“孟菲斯集团”的积极参与者，他也曾用“梦露曲线”设计了一张靠背椅，其另一个参照对象是麦金托什的高背椅。这条曲线以后多次出现在矶崎新的建筑设计中，成为他独特的后现代主义“签名”。

第二十七章 新城市主义

「真正不可思议的不在于建筑、结构或技术，是人使这个社区变得伟大。」

27-1 方兴未艾的新城市主义运动

从后现代主义再往前走一步，从着重在立面上建立与建筑传统的联系，到全面恢复简·雅各布斯所倡导的城市街道生活，20 世纪 80 年代以后在美国逐渐开始形成的新城市主义（New Urbanism）接过了这一棒。

1993 年，170 位有志于探索和研究城市规划和改造新理念、建立和推动建筑与城市新型关系的建筑师、政府和民间组织有关人士，在美国弗吉尼亚州亚历山德里亚（Alexandria）举办第一届“新城市主义大会”（CNU），标志着新城市主义运动开始形成。在 1996 年南卡罗来纳州查尔斯顿（Charleston）召开的第四次大会上，300 名与会成员通过一份《新城市主义宪章》。他们宣称：“新城市主义大会将以下几个方面视为一系列相互关联的、有关社区建设的挑战——内城投资的缩减、郊区化扩张的无序蔓延、不断滋长的种族隔离和贫富差距、环境的恶化、日益减少的耕

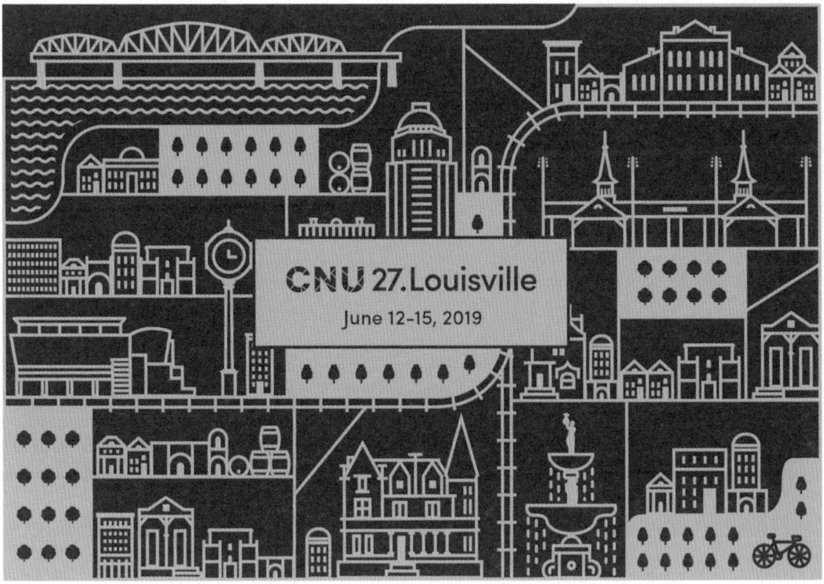

2019年第27次新城市主义大会在美国肯塔基州路易斯维尔（Louisville）举行，宣传册展现了该市的代表性城市景观

地与生态环境问题以及被逐渐侵蚀的社会建筑遗产……我们赞同对政府政策和开发项目进行调整以支持下述理念——邻里的功能和人口构成应是多样化的；社区设计应该将行人、公共交通视为与私人汽车同等重要；城市与城镇应具有实体的边界，而且其公共空间和社区会所应该通达无碍；都市的建筑和景观设计应该彰显当地的历史、气候、生态和建筑经验……我们将为重建我们的家园、街块、街道、公园、邻里、街区、城镇、地区和环境而奋斗。”宪章列举了用以指导公共政策、开发、实践、城市规划与设计的27条原则，其核心内容是：“为了创建社区，建成环境在用途与人员方面必须多样化；其规模必须适宜步行，同时又能支持公共运输和汽车；它必须有明确限定的公共领域，而且支持该领域的建筑也必须反映该地区的建筑风格和生态特征。”[71]

时至今日，参加新城市主义大会的成员已经增加到3000多名，美国多所大学开始讲授新城市主义建筑与城市规划理念，美国联邦政府以及许多地方政府开始用新城市主义理念来指导城市建设和开发。不仅在美国，新城市主义在加拿大、欧洲和日本也有众多的追随者，已经成为一股不可忽视的国际建筑和规划设计新力量。

27-2 精明增长

美国精明增长联盟标识

在美国，与新城市主义运动同时兴起的还有名为“精明增长”(Smart Growth)的新理念。2000年，60家美国公共团体组成“美国精明增长联盟”(Smart Growth America)。他们的主要目标是：用足城市存量空间，减少盲目扩张；加强对现有社区的重建；重新开发废弃、污染工业用地以节约基础设施和公共服务成本；城市建设相对集中，混合用地功能；鼓励乘坐公共交通工具和步行；保护开放空间和创造舒适的环境；通过鼓励、限制和保护措施实现经济、环境和社会的协调。这个理念与新城市主义运动殊途同归，成了可以互换的代名词。

27-3 安德鲁·杜安尼和伊丽莎白·普雷特-兹伯格与传统邻里设计

杜安尼夫妇

安德鲁·杜安尼（Andrés Duany，1949—）和妻子伊丽莎白·普雷特-兹伯格（Elizabeth Plater-Zyberk，1950—）是新城市主义运动的主要发起者，由他们共同提出并倡导的传统邻里开发模式（Traditional Neighborhood Development，简称TND）是新城市主义和精明增长理念的核心思想。他们抨击那种“为了新颖而抛弃传统模式”的设计思想，他们认为：“规划必须建立在数个世纪以来知识积累的基础之上。任何一项设计都可以仅仅因为新颖就被认为是聪明的，但只有在显示出它能够产生积极的结果以后才能被人信服。”他们将简·雅各布斯大力提倡的混合功能的邻里结构当作是城市设计的核心：“可能还有其他更具创造性的方法去重组我们的国家景观，它们中很多都可能是可持续性的，但是混合功能的邻里是唯一一个已经数以万次地自我证明其可持续性的方法。”[72]

在这样一种新城市主义思想引导下，杜安尼夫妇在美国规划设计了许多具有混合功能特征的新型邻里社区。他们将设计重点放在良好界定的公共空间上，而住宅则交由不同的建筑师各自负责，新古典、新现代、后现代和解构主义虽风格迥异却和谐共处，营造出阔别已久的传统城镇生活氛围，受到用户的广泛好评。

1985年建成的佛罗里达州滨海新城（Seaside）是第一座采用新城市主义理念建设的具有混合功能的新型邻里社区

1984—2005年担任迪士尼公司CEO的迈克尔·埃斯纳（Michael Eisner）在评论1996年按照新城市主义所提倡的传统邻里开发模式设计的迪士尼配套项目庆典镇（Celebration，由库珀·罗伯逊公司“Cooper Robertson”和罗伯特·斯特恩“Robert Stern”规划，格雷夫斯、约翰逊、摩尔、文丘里等众多建筑家分别参与其中的建筑设计）时说：“真正不可思议的不在于建筑、结构或技术。是人的要素使这个社区变得伟大。”[73]

27-4 彼得·卡尔索普与公交导向开发模式

卡尔索普

与杜安尼同岁的城市规划家彼得·卡尔索普（Peter Calthorpe，1949—）也是新城市主义的主要发起者。他所倡导的以公共交通为导向的城市开发模式（Transit-Oriented Development，简称 TOD）与传统邻里开发模式同为构成新城市主义思想体系的核心内容。他希望通过规划设计的合理引导，以公共交通站点为枢纽和中心，建立起以步行和自行车为主要通行方式的土地紧凑使用、功能混合布置和有明确边界的新型城市空间。从 20 世纪 90 年代开始，公共交通导向开发模式在美国、加拿大以及包括中国在内的世界许多城市流行开来，成为对抗城市无序蔓延的一剂良方。

卡尔索普为沙特阿拉伯利雅得所做的 Al Wasl 规划

27-5 克里斯托弗·亚历山大

亚历山大（M. Mehaffy 摄于 2012 年）

加州大学伯克利分校教授克里斯托弗·亚历山大（Christopher Alexander，1936—）1977 年出版的《模式语言：城镇、建筑、构造》一书是新城市主义的主要思想来源。在这本书中，亚历山大着力研究优秀城市形式的普遍原则。他通过长期观察和思考，在实际生活体验中总结城市与建筑设计的规律，打破现代主义唯功能和技术崇拜的“清规戒律”，重新以人的角度来思考从城市设计、邻里设计、街道设计到建筑设计的适合方式，把建筑设计的主导权重新收回到普通人的手中。亚历山大写道：“一个在伯克利的建筑系学生，他的心里充满了钢架、平屋顶、现代建筑的意象，在读到阳台模式后找到老师，惊奇地说：‘我以前不知道允许我们做这样的东西’”[74] 确实是这样，这本书将会为每一位读者打开一扇通向真正属于自己的建筑之窗。

在亚历山大看来，“在当今世界上，人们之所以几乎已经抛弃了建筑应当既美观又令人所爱的这一观念，是因为对于世界上的绝大多数住宅来说，建造的任务已退化为一种仅仅由事实和数字所构成的残酷商业行为。人们在建造这些住宅时无视人的情感，而是注重住宅的华丽、市场趋向及其流行式样。人们忘掉了美的真正含义，忘掉了住宅是直接并朴素地表达屋主的生活，忘掉了人们的生命力和他们住宅形式的联系。现在的人们极其关心的是住宅的价格，关心工业和技术以及它们能帮助人类去解决所谓的住房问题的办法。然而，所有这些都非常抽象，不带感情色彩。他们去解决问题，但只轻触问题的表面。他们不关心情感问题。他们创造了一种智力框架，在这个框架中解决问题的办法就像他们打算去解决的问题一样呆板和无情”[75]4。

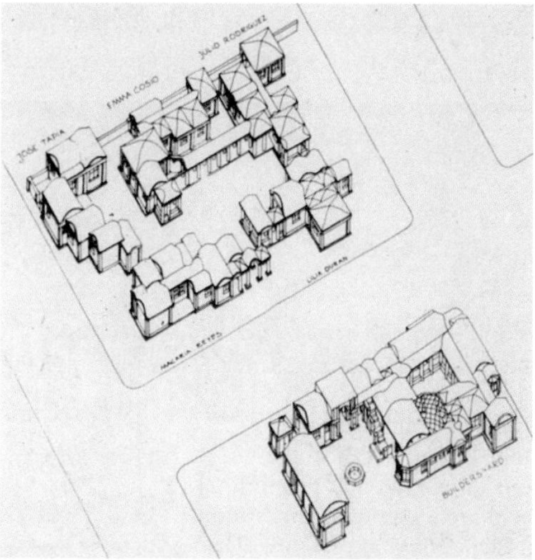

墨西卡利住宅轴测图

1975 年，亚历山大应邀来到墨美边境城市墨西卡利（Mexicali），为这里的普通人家设计住宅。出乎地方当局的意料，这位世界名校教授不是到此一游，然后就回到千里之外的办公桌上绘图设计，而是带着学生，卷起袖子，发动住户，集思广益，取长补短，一起动手，用最符合当地民情的结构，最便宜的造价（比当地一般住宅标准低了 50%）建造出真正属于住户自己的、可亲近的邻里社区。

亚历山大说：“如果考察当今世界上存在的那些住宅制造体系，我们就会发现几乎所有这些体制都缺少人类社会所必须包含的两个基本条件——首先，认识到每个家庭和每个个人都是独特的，只有明确这种独特性，才能明确和保持人类的尊严；其次，认识到每个家庭和每个个人都是社会的一部分，需要与其他人交往和联谊，简言之，需要在社会中有个能在其中与别人交流的场所。”[76]12-14 为了改变这种现状，亚历山大提出 7 项原则：将建筑师与营造师的职责合二为一、开放式的施工现场、共同设计公共用地、住户决定私人住宅设计样式、逐步建造、成本控制以及人性韵律，并通过墨西卡利的设计实践加以检验和修正。

可惜这样的住宅建造只进行了 6 户人家就戛然而止。因为这样的做法几乎背离了现代住宅设计的所有规则。现代建筑的创造者们曾经以打破旧的传统法则而自豪，可是他们的继承者却变本加厉地固守着“新法则”：“在建房过程中，各种各样的政府官员们对我们进行过各式各样的非议。他们不喜欢住宅的外表；他们不喜欢散漫自由的设计；他们不喜欢在一些住宅的旁边有一些没有完成的部分；他们不喜欢每一栋住宅有独特的个性和特点；他们不喜欢……”官僚和地产商自然是不喜欢这种脱离了他们控制的住宅制造模式。“但是无人可以改变的一件事实是：住户非常满意自己的住宅，他们中的一些人对他们的住宅喜欢得发狂。这个事实是无人可以更改的。他们感到满意、高兴，他们感觉自己拥有美观的住宅。这些住宅真正属于他们。他们的汗水和住宅内的钢筋浇灌在一起。这些住宅属于他们自己。”[76]269

在亚历山大指导下，居民自己动手建造房屋

27-6 阿尔多 · 罗西

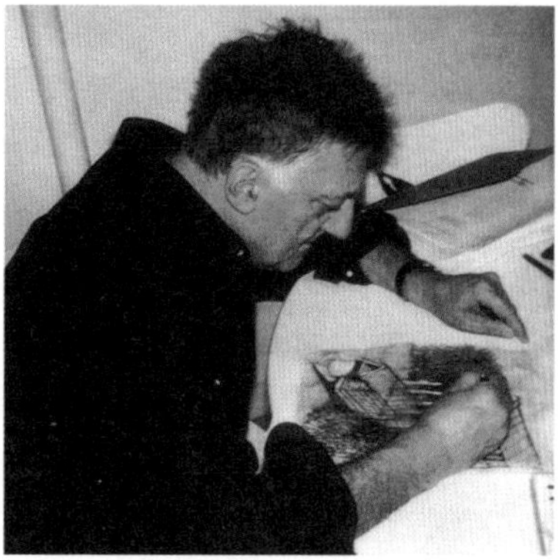
罗西

意大利建筑家阿尔多 · 罗西（Aldo Rossi，1931—1997）也是对新城市主义有重要影响的建筑家，他所倡导的“城市集体记忆”和“类型”理论为杜安尼邻里社区中的建筑复古模式提供了有力的理论支撑。在他于1966年出版的《城市建筑学》一书中，他将作为单体的建筑与城市整体紧密联系在一起。他说：“城市是集体记忆的场所。这种场所和市民之间的关系是城市中建筑和环境的主导形象。场所、建筑、经久和历史这些概念使我们得以理解城市建筑体的复杂性。在此意义上，城市建筑体的建筑与艺术不同，后者只是为自身而存在，而最伟大的建筑却与城市有着密切的联系。”[76]130 要从这样一种“集体记忆”的角度来理解建筑，就必须用“类型学”的观点来看待建筑。所谓建筑中的“类型”，罗西在书中引用19世纪法国建筑理论家卡特勒梅尔 · 德 · 昆西（Quatremère de Quincy，1755—1849）的观点予以说明：“‘类型’这个词不是指被精确复制或模仿的形象。‘原型’是一种被依样复制的物体，而‘类型’则正好相反，人们可以根据它去构想出完全不同的作品。‘原型’中的一切是精确和给定的，而‘类型’却多少是模糊的。我们因此看到，对‘类型’的模仿需要情感和精神。我们也看到，一切发明创造尽管在以后会出现变化，但却始终明确保留和表现了自身的基本原则。”这样的类型就是城市的“集体记忆”。罗西因此认为，“类型就是建筑的思想，它最接近建筑的本质。”[76]42-43

罗西为阿莱西公司设计的水壶

这样一种“类型学”观点的提出，对于当时已经对现代主义思想开始产生怀疑的人士来说，有了一个重新审视传统建筑的最好的理由。他们很快就发现，建筑的传统类型并不是一剂毒药，并不会制约建筑创作的热情。就像美国密歇根大学建筑学教授道格拉斯·凯尔博（Douglas Kelbaugh）在其所著《共享空间：关于邻里与区域设计》一书所说的：“类型学的建筑设计不会像现代主义那样在建筑环境中造成视觉混乱。同一类型的建筑在时空上能够彼此呼应，对于市民和旅游者来说，城市会变得易于识别和理解。城市的重要性并不是体现在它们是由新奇的、令人兴奋的建筑物所组成的、让人屏息的集合体，而是在于它们是由各种各样的、易于理解的、经受了时间检验的建筑类型所组成的。当城市对于市民来说是可以理解的时候，城市就可以推动文化与社区价值的记录、法制化与传播。”[77] 类型学并不会掩盖建筑创新的光芒，它鼓励设计者在尊重城市“集体记忆”的基础上进行细节创新，从而在建筑上产生真正能够感人的变化。这样一种思想无疑对新城市主义的发展是有推动作用的。

罗西的建筑设计也充分体现了他的思想。1971 年开始设计的意大利摩德纳（Modena）圣卡塔尔多公墓（Cimitero di San Cataldo）也许是罗西

圣卡塔尔多公墓设计图

圣卡塔尔多公墓局部（摄影：F. Bascetta）

最重要的作品，他为此花费了十多年的时间，反复修改和提炼他那充满了隐喻的构思。整个平面布局犹如一副完好的鱼骨㊀，安放骨灰的立方形建筑象征“死者之屋”。“没有屋顶也没有地板，或者说是剔光了肉的空骨架，它隐喻着只残留下白骨的灵堂，是被时间蛀蚀的建筑，它本身也是对死的模拟。”[78]

1996 年建成的柏林舒泽大街综合体（Schützenstrasse Complex）是典型的“类型学”设计案例，立面的各个片断犹如一部城市建设发展史的不同篇章，鲜艳的色彩则成为建筑作品诞生年代的注解，既充满变化，又协调统一。

柏林舒泽大街综合体（摄影：J-P. Dalbéra）

㊀ 在基督教中，鱼代表基督，因为“耶稣基督上帝之子救世主”这句话的希腊文“Iesous Christos theou uios soter”开头字母拼起来正好是鱼“ichthus”。

克里尔（绘画：C. Laubin）

27-7 莱昂·克里尔

卢森堡建筑家莱昂·克里尔（Léon Krier，1946—）也是建筑类型学的积极倡导者。在其所著《社会建筑》一书中，他特别强调建筑所具有的社会价值：“所有的传统建筑都有着非常清楚的区分。一方面是公共的、有象征意义的、属于某些机构的建筑，另一方面是功利的私人建筑。前者表达着公共事物的品质，比如尊严、庄重；后者表现在住宅、商业和工业等方面的私人活动。如果工厂的立面像大教堂、住宅像皇家宫殿，如果博物馆看起来像工厂流水线、教堂看起来像工业仓库，那么整个政治实体的基本价值就会受到威胁。对建筑而言，除非建筑物的功能和面貌与真相、本质相关联，否则共同的认识和持续的价值观是不可能存在的。” [79]29-31

《社会建筑》插图：如果工厂的立面像大教堂、住宅像皇家宫殿，如果博物馆看起来像工厂流水线、教堂看起来像工业仓库，那么整个政治实体的基本价值就会受到威胁

在书中，克里尔图文并

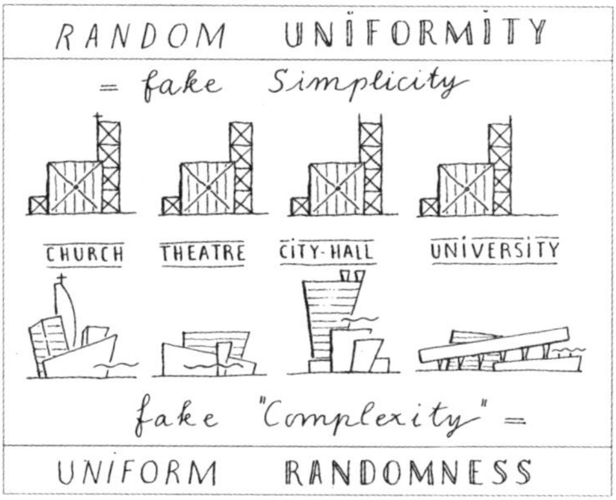

《社会建筑》插图：真正的多元化应该是类型上的多元化，而不是自由形状的大杂烩

茂地对现代建筑反类型学的设计进行讽刺和抨击。表面上看起来，现代建筑是丰富多彩的，但这种多样不是类型的多样，而是个人风格的多样。比如密斯，他喜欢方盒子，于是学校是方盒子，政府机关是方盒子，商务楼是方盒子，住宅还是方盒子。哈迪德不喜欢方盒子，她喜欢流线型，于是鞋子是流线型，沙发是流线型，汽车是流线型，车站是流线型，住宅是流线型，音乐厅也是流线型。同样一种建筑形态，不仅可以放在世界任何地方，还可以代表任何一种不同的功能类型。在克里尔看来，实际上正是这些现代主义建筑家，一边在批判传统建筑停滞不前，一边却在制造千城一面的世界；一边在说多样性，一边却在抹杀真正的多样性。克里尔认为，不论是机器派还是表现派，所展现的都是虚假的简洁或者虚假的复杂，真正的多元化应该是类型上的多元化，而不是自由形状的大杂烩。

克里尔不认同建筑必须要具有时代性的观点。他质问道："在革命和血流成河的时代，建筑就应该顺理成章地带有侵略性、能够致命吗？"他认为建筑应该超然于自己所处的时代："有人说，我们的作品应表达我们时代的精神，但过去最好的作品已经证明了相反的一面。为了成为传奇，为了传承永久的信息、价值，我们的作品必须超越它所在的年代。"[79]73 建筑技术的现代化与现代主义建筑是两回事。

作为新城市主义在欧洲的主要代表人物，克里尔十分强调建立在邻里社区基础上的城市功能多样化。他对现代主义以功能划分来指导城市扩张所造成的城市失衡、混乱进行批判。他形象地指出："一个家庭的成长不是指父母腰围的延伸，而是要通过复制和繁殖。"相似地，一个城市也只能通过混合社区的数量增长来扩大，而不能是单一功能区的自我膨胀。他

庞德伯里小城总平面图

的代表作是 1988 年开始建设的英国多赛特郡（Dorset）的庞德伯里小城（Poundbury）。这个项目得到新城市主义在英国的积极鼓吹者威尔士亲王查尔斯（Charles，Prince of Wales，1948—）的大力支持，在亲王的公爵领地建造起来。它完全以市场逻辑为运作基础，分期建造，既有统一设计的城市中心，同时每一期又都是一个相对独立的邻里社区。邻里内的建筑都是由不同的建筑师按照业主的需要分别设计，只需要遵照一个相同的模式，那就是建筑都要临街布置，都要将私人花园设置在建筑的后方。通过这样的方式，既保证了建筑整体类型的一致性，又不失个体造型的多样性。实践证明，这样的城镇是深受欢迎的。

克里尔也十分关注已被现代主义城市规划破坏了的传统城市的修复问题。他说：“迄今为止，城市历史中心区仍然是文明社会的真正中心。历

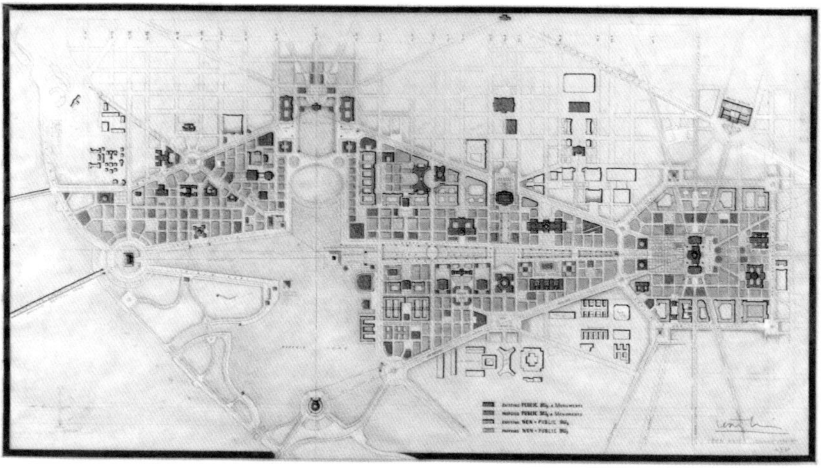

克里尔绘制的美国首都华盛顿修复计划

史中心区的发展任务应该重新被定义成下面这些目标——通过街区、地块和建筑原型，通过街道和广场原型，通过建造技术和建筑，选择其中与现存模式相和谐的来围合历史中心区的周边，让支离破碎的地区完整起来；同时去掉单一用途的巨大体量，调整容积率和使用功能，并根据现存地区的容纳性，在步行距离之内重新引入并完善城市功能。”[79]109 他在这方面进行了执着的研究，尽管许多设想只能停留在纸面上，但这种精神对我们来说尤其具有积极意义，值得我们特别地予以关注和学习。

終章 未来之路

“我们是不是走得太远，忘记了为什么而出发？”

回顾现代建筑走过的道路，既有其历史的必然，也有人为的过失。

现代建筑开端于 19 世纪。这是一个人类历史上经历天翻地覆变化的世纪。工业革命彻底改变了过去几千年来一以贯之的慢悠悠的农业时代生活模式，以启蒙运动和进化论为代表的新学说震撼了传统社会的根基，整个社会都卷入大变革的漩涡之中。建筑界也不能幸免。面对农业社会向工业社会急剧转进时的社会动荡和城市危机，一些有理想的学者和建筑家向他们认为应当对之承担责任的旧秩序发起挑战。他们坚信启蒙主义者所宣传的“人类历史是上升的，而不是下降的”。他们相信包括城市和建筑在内的整个人类社会的发展都可以通过运用理性而臻于至善。他们把消灭过去创造未来当作自己的责任，发起现代主义建筑实验，试图建立一个不再有不公正、不再有黑暗的光辉城市。然而几十年过去了，时间证明，他们的想法似乎过于天真和单纯了。人类社会的发展是极其复杂的，绝不是能用简单的几种模式、功能分区或者技术指标就可以概括，更不存在一种模式必然要取代另一种模式。

从 19 世纪开始，“进步”成为人类社会最推崇的词语之一。从猿到人是进步，从农业社会到工业社会是进步，科技的突飞猛进更是进步。一时间，仿佛一切后来的都比先前的进步，所有与之背道而驰的就是落后，就应该被无情抛弃。可是今天我们已经知道，并不是人类社会的一切发展都体现为进步。作为整体的人类也许在很多方面是在进步，但是作为个体的每一个人，当他生来这个世界的时候，前人的思想情感并不会与生俱来。知识可以后天学习，可以迅速获得前人的积累，可是任何个人的思想、情感、道德、教养只能每次从零培养。在这方面，技术进步是无能为力的。所有那些曾经在遥远的过去启迪过、感动过我们祖先的环境在今天依然会让我们感动，依然能够担负起培养我们性情的责任。不错，有许多新的东西出现了。今天我们是坐在空调房里，开着电灯，使用手机、计算机记录我们的心情，而前人则是在茅草屋中，摇着扇子，点着油灯，用画笔、诗歌记录他们的心情。但这只是手段的区别，而所记录的心情并没有分别，所能激发这种心情的环境更没有本质的分别。

这个环境既包括生机勃勃的大自然，也包括我们人类亲手打造的家园：我们的城市、我们的街道、我们的建筑。有句格言说得好：“我们建造建筑，然后建筑塑造我们。”在过去的几千年中，我们的祖先在建造家园的过程中，面对不断变化的自然环境和社会发展，一点一滴地积累经验、修正错误，不断地调整、补充、丰富、建设，终于能给我们留下那么多美丽的城市和乡村。正是在这些地方，作为整体的我们可以调节自己的心情，酝酿新的思想，创造新的科技。就像英国历史学家艾瑞克·霍布斯鲍姆（Eric Hobsbawm，1917—2012）说的：“我们大可合理地利用传统建筑的 21 响礼炮，去向革命性科技的胜利致敬。”[80] 今天，我们没有理由不去接过浸染着前辈智慧汗水的接力棒，没有理由不在这根已经传承了几千年的接力棒上继续注下我们的汗水智慧，然后交给我们的后人。只要我们能够正视现实，正视在过去这几十年中所曾经犯过的错误，一起努力行动起来，让建筑重新回到组织和服务城市生活的本来面目，把支离破碎的城市重新缝补起来，我们就能真正走上可持续发展的道路。

参考文献

[1] 威尔·杜兰，艾丽儿·杜兰 . 世界文明史 卷九 伏尔泰时代 [M]. 幼狮文化公司，译 . 北京：东方出版社，1998：309.

[2] 彼得·赖尔，艾伦·威尔逊 . 启蒙运动百科全书 [M]. 刘北成，王皖强，编译 . 上海：上海人民出版社，2004：序言 3.

[3] 约翰·萨莫森 . 建筑的古典语言 [M]. 张欣玮，译 . 杭州：中国美术学院出版社，1994：73.

[4] 马克 - 安托万 · 洛吉耶 . 洛吉耶论建筑 [M]. 尚晋，张利，王寒妮，译 . 北京：中国建筑工业出版社，2015：2-8.

[5] 若昂 · 德让 . 巴黎：现代城市的发明 [M]. 赵进生，译 . 南京：译林出版社，2017：114.

[6] Serge Salat. 城市与形态：关于可持续城市化的研究 [M]. 北京：中国建筑工业出版社，2012.

[7] 恩斯特 · 贡布里希 . 艺术的故事 [M]. 范景中，译 . 北京：生活 · 读书 · 新知三联书店，1999.

[8] 陈志华 . 外国造园艺术 [M]. 郑州：河南科学技术出版社，2001.

[9] 埃蒙德 · N 培根 . 城市设计 [M]. 黄富厢，朱琪，译 . 北京：中国建筑工业出版社，2003：202.

[10] 温克尔曼 . 希腊人的艺术 [M]. 邵大箴，译 . 桂林：广西师范大学出版社，2001.

[11] 威尔 · 杜兰，艾丽儿 · 杜兰 . 世界文明史 卷十 卢梭与大革命 [M]. 幼狮文化公司，译 . 北京：东方出版社，1998.

[12] 汉诺 - 沃尔特 · 克鲁夫特 . 建筑理论史——从维特鲁威到现在 [M]. 王贵祥，译 . 北京：中国建筑工业出版社，2005.

[13] 莱辛 . 拉奥孔 [M]. 朱光潜，译 . 北京：人民文学出版社，1979.

[14] 歌德.歌德文集 第4卷 诗与真(上)[M].刘思慕,译.北京:人民文学出版社,1999:323.
[15] 爱克曼.歌德谈话录[M].朱光潜,译.北京:人民文学出版社,1982:181.
[16] 歌德.歌德文集 第10卷 论文学艺术[M].范大灿,译.北京:人民文学出版社,1999.
[17] 詹姆斯·斯图尔顿.伟大的欧洲小博物馆[M].檀梓栋,申屠妍妍,译.上海:上海古籍出版社,2000:92-93.
[18] 卡米诺·西特.城市建设艺术[M].仲德昆,译.南京:东南大学出版社,1990.
[19] 陈志华.外国建筑史(19世纪末叶以前)[M].北京:中国建筑工业出版社,1979:219.
[20] 王应良,高宗余.欧美桥梁设计思想[M].北京:中国铁道出版社,2008.
[21] 罗宾·米德尔顿,戴维·沃特金.新古典主义与19世纪建筑[M].徐铁成,译.北京:中国建筑工业出版社,2000:235.
[22] 威廉·弗莱明,玛丽·马里安.艺术与观念[M].宋协立,译.北京:北京大学出版社,2008:581.
[23] 尼古拉斯·佩夫斯纳.现代建筑与设计的源泉[M].殷凌云,等译.北京:生活·读书·新知三联书店,2001.
[24] 王受之.世界工业设计史略[M].上海:上海人民美术出版社,1987.
[25] 肯尼斯·弗兰姆普敦.现代建筑:一部批判的历史[M].张钦楠,译.北京:生活·读书·新知三联书店,2004.
[26] 尤金-埃曼努力·维奥莱-勒-迪克.建筑学讲义[M].白颖,汤琼,李菁,译.北京:中国建筑工业出版社,2015.
[27] 希格弗莱德·吉迪恩.空间·时间·建筑:一个新传统的成长[M].王锦堂,孙全文,译.武汉:华中科技大学出版社,2014.
[28] H F 马尔格雷夫.现代建筑理论的历史,1673—1968[M].陈平,译.北京:北京大学出版社,2017.
[29] 安东尼·腾.世界伟大城市的保护:历史大都会的毁灭与重建[M].郝笑丛,译.北京:清华大学出版社,2014:221.
[30] 弗兰克·劳埃德·赖特.赖特论美国建筑[M].姜涌,李振涛,译.北京:中国建筑工业出版社,2010.
[31] 项秉仁.赖特[M].北京:中国建筑工业出版社,1992.

[32] 利光功 . 包豪斯——现代工业设计运动的摇篮 [M]. 刘树信，译 . 北京：中国轻工业出版社，1988.
[33] 约翰内斯・伊顿 . 色彩艺术 [M]. 杜定宇，译 . 上海：上海人民美术出版社，1978：1.
[34] 瓦西里・康定斯基 . 点・线・面 [M]. 罗世平，译 . 上海：上海人民美术出版社，1988：9.
[35] 弗兰克・惠特福德 . 包豪斯：大师和学生们 [M]. 陈江峰，李晓隽，译 . 成都：四川美术出版社，2006：65.
[36] 刘先觉 . 密斯・凡・德・罗 [M]. 北京：中国建筑工业出版社，1992.
[37] 勒・柯布西耶 . 走向新建筑 [M]. 陈志华，译 . 天津：天津科学技术出版社，1991.
[38] 安东尼・弗林特 . 勒・柯布西耶：为现代而生 [M]. 金秋野，王欣，译 . 上海：同济大学出版社，2017.
[39] 勒・柯布西耶 . 光辉城市 [M]. 金秋野，王又佳，译 . 北京：中国建筑工业出版社，2011.
[40] 艾定增，李舒 . 西萨・佩里 [M]. 北京：中国建筑工业出版社，1991：39.
[41] 乔纳森・格兰西 . 建筑的故事 [M]. 罗德胤，张澜，译 . 北京：生活・读书・新知三联书店，2003：186.
[42] 乔纳森・格兰锡 .20 世纪建筑 [M]. 李洁修，段成功，译 . 北京：中国青年出版社，2002.
[43] 吴焕加 . 论朗香教堂（上）[J]. 世界建筑，1994（3）.
[44] 迈克尔・达勒姆 . 纽约 [M]. 陈正菁，王尚胜，白秀英，译 . 沈阳：辽宁教育出版社，2001：148.
[45] 渊云 . 现代建筑家第三代 [M]. 台北：艺术图书公司，1976.
[46] 张钦哲，朱纯华 . 菲利普・约翰逊 [M]. 北京：中国建筑工业出版社，1990.
[47] 亚历山大・加文 . 美国城市规划设计的对与错 [M]. 黄艳，等译 . 北京：中国建筑工业出版社，2010：110.
[48] 詹姆斯・F 威廉姆森 . 路易斯・康在宾夕法尼亚大学 [M]. 张开宇，李冰心，译 . 南京：江苏凤凰科学技术出版社，2019.
[49] 李大夏 . 路易・康 [M]. 北京：中国建筑工业出版社，1993.
[50] 穆尔 . 结构系统概论 [M]. 赵梦琳，译 . 沈阳：辽宁科学技术出版社，2001：215.

[51] 罗小未 . 外国近现代建筑史 [M]. 北京：中国建筑工业出版社，1982：293.
[52] 赖德霖 . 富勒，设计科学及其他 [J]. 世界建筑，1998（1）：61.
[53] 安藤忠雄 . 安藤忠雄论建筑 [M]. 白林，译 . 北京：中国建筑工业出版社，2003.
[54] 王建国，张彤 . 安藤忠雄 [M]. 北京：中国建筑工业出版社，1999：52.
[55] P L 奈尔维 . 建筑的艺术与技术 [M]. 黄运升，译 . 北京：中国建筑工业出版社，1981.
[56] 肖世荣 . 钢筋混凝土诗人——皮埃尔·鲁基·奈尔维 [J]. 世界建筑，1981（5）：21-24.
[57] 亚历山大・聪尼斯 . 圣地亚哥・卡拉特拉瓦——当代建筑艺术的诗篇 [J]. 世界建筑，2001：18.
[58] 吴焕加 . 建筑与解构论稿 [J]. 世界建筑，1996（1）.
[59] 刘易斯・芒福德 . 城市发展史——起源、演变和前景 [M]. 宋俊岭，倪文彦，译 . 北京：中国建筑工业出版社，2005：图版 28.
[60] 渊上正幸 . 世界建筑师的思想和作品 [M]. 覃力，等译 . 北京：中国建筑工业出版社，2000.
[61] 迈尔斯·格伦迪宁 . 迷失的建筑帝国：现代主义建筑的辉煌与悲剧 [M]. 朱珠，译 . 北京：中国建筑工业出版社，2014.
[62] 希拉里・弗伦奇 . 建筑 [M]. 刘松涛，译 . 北京：生活・读书・新知三联书店，2002.
[63] 查尔斯・詹克斯 . 后现代建筑语言 [M]. 李大夏，译 . 北京：中国建筑工业出版社，1986：4-5.
[64] 罗杰・特兰西克 . 寻找失落空间 [M]. 朱子瑜，等译 . 北京：中国建筑工业出版社，2008：12-15.
[65] 查尔斯・詹克斯 . 后现代主义的故事——符号建筑、地标建筑和批判性建筑的 50 年历史 [M]. 蒋春生，译 . 北京：电子工业出版社，2017：28.
[66] 简・雅各布斯 . 美国大城市的死与生 [M]. 金衡山，译 . 南京：译林出版社，2006.
[67] 罗伯特・文丘里 . 建筑的复杂性与矛盾性 [M]. 周卜颐，译 . 北京：中国建筑工业出版社，1991.
[68] 保罗・戈德伯格 . 后现代时期的建筑设计 [M]. 黄新范，曾昭奋，译 . 天津：天津科学技术出版社，1987.
[69] 窦以德，等 . 詹姆士・斯特林 [M]. 北京：中国建筑工业出版社，1993：

110.
[70] 邱秀文，等 . 矶崎新 [M]. 北京：中国建筑工业出版社，1990：112.
[71] 安德鲁 · 杜安尼，普雷特 · 兹伯格，杰夫 · 斯佩克 . 郊区国家——蔓延的兴起与美国梦的衰落 [M]. 苏薇，左进，译 . 武汉：华中科技大学出版社，2008：258-261.
[72] 安德烈斯 · 杜安伊，杰夫 · 斯佩克，迈克 · 莱顿 . 精明增长指南 [M]. 王佳文，译 . 北京：中国建筑工业出版社，2014：14-15.
[73] 安迪鲁 · A · 塔塔尼 . 城和市的语言 [M]. 李文杰，译 . 北京：电子工业出版社，2012：130.
[74] C. 亚历山大 . 建筑的永恒之道 [M]. 赵冰，译 . 北京：知识产权出版社，2004：417.
[75] C. 亚历山大 . 住宅制造 [M]. 高灵英，等译 . 北京：知识产权出版社，2002.
[76] 阿尔多 · 罗西 . 城市建筑学 [M]. 黄士钧，译 . 北京：中国建筑工业出版社，2006.
[77] 道格拉斯 · 凯尔博 . 共享空间：关于邻里与区域设计 [M]. 吕斌，覃宁宁，黄翊，译 . 北京：中国建筑工业出版社，2007.
[78] 市川政宪 . 后现代建筑佳作图集 [M]. 胡惠琴，译 . 天津：天津大学出版社，1990：88.
[79] 莱昂 · 克里尔 . 社会建筑 [M]. 胡凯，胡明，译 . 北京：中国建筑工业出版社，2011.
[80] 艾瑞克 · 霍布斯鲍姆 . 帝国的年代：1875—1914[M]. 贾士蘅，译 . 北京：中信出版社，2014：263.